NCS 분류체계 기초 네일

NCS classification system Basic Nail

한동조 • 윤오선 • 송서현• 이종순 **공저**

JINSAEM 진샘미디어

Preface

최근 우리나라는 경제대국으로 발전하면서 미용 산업도 눈부시게 발전하게 되었다. 생활수준의 향상으로 사람들은 건강한 몸은 물론이고 아름다운 몸에 관심을 갖게 되었다. 특히 여성들의 손과 발에 네일 케어와 네일 아트를 하는 것은 삶의 질을 높이는 하나의 수단이 되었다.

미용 산업 중에서도 네일 산업은 급성장을 하게 되었으며, 그로인해 네일 아티스트들도 많이 배출되었다. 네일은 단기간의 교육과정과 소자본으로 쉽게 창업이 가능하다는 이유로 다른 미용 분야보다 더 쉽게 접근하는 분들이 많다. 하지만 정작 네일 미용을 배우다 보면, 색채배색 능력을 포함한 미적 센스와 섬세한 기술력, 여러 가지 재료를 다양하게 사용하는 응용력 등이 필요한 분야이다.

이번에 편찬하게 된 책은 네일아트를 배우는 초급 미용인들에게 쉽고 재미있게 네일 아트를 접할 수 있도록 기본적인 이론 내용과 실기 내용을 포함하여 출간하게 되었다. 이론편에서는 네일 아티스트가 숙지해야할 기본 내용을 미용학 중심으로 간단하게 정리하였고, 실기편에서는 네일 케어부터 시작하여 스컬프처까지 정리하였다.

이 책을 마무리하면서 본인의 부족한 점을 많이 느끼게 되었지만, 네일 아티스트가 되고자 하는 많은 분들에게 조금이나마 도움이 되는 학습서가 되기를 바라면서 진샘미디어의 김경태 이사님과 편집부 여러분들에게 깊은 감사를 드립니다.

2019년 2월

저자일동

Contents

PART 1 이론편

Contents

PART 2 실기편

Contents

PART 1
이론편

CHAPTER 1

네일 미용학

제1장 네일미용의 개요

1. 네일미용의 용어

1 네일 (Nail)

네일 (nail)은 의학적 용어로 오닉스 (onyx)라고 하며 '~을 못이나 징으로 박다. ~을 고정시키다.' 라는 사전적 의미와 함께 '손톱과 발톱'을 지칭하는 말로 쓰인다.

2 매니큐어 (Manicure)

매니큐어 (Manicure)는 라틴어의 마누스 (Manus/손)와 큐라 (Cura/관리)라는 말에서 유래되었다. 매니큐어란 일반적으로 사용되는 것처럼 에나멜 혹은 폴리시 (polish)를 의미하는 것이 아니라 손 · 발톱의 관리, 즉 네일 관리를 의미한다. 매니큐어의 본래 의미는 손을 치료하는 것이었지만, 현대에는 손을 아름답게 가꾸는 손 관리를 의미한다. 매니큐어의 방법으로는 손톱의 모양정리, 큐티클 (Cuticle) 정리, 손마사지, 팩 (Pack), 컬러링 (Coloring), 인조손톱 만들기 등이 있다.

3 패디큐어 (Pedicure)

패디큐어 (Pedicure)란 발을 의미하는 라틴어의 페디스 (Pedis)와 관리를 의미하는 라틴어 ' 큐라 (Cura)'에서 유래되었다. 즉, 패디큐어란 발톱과 발을 건강하고 아름답게 가꾸는 발 관리를 뜻한다. 패디큐어의 관리에는 발톱의 모양정리, 컬러링 (Coloring), 발마사지, 팩

(Pack), 인조발톱 만들기 등이 있다.

4 네일아트 (Nail Art)

네일아트 (Nail Art)란 손·발톱의 기본적인 관리 (소독, 손발톱 모양잡기, 큐티클 제거, 손발 마사지, 에나멜 바르기) 즉, 네일케어 (Nail Care) 뿐만 아니라 인조손톱 시술 (네일 랩, 아크릴 네일, 젤 네일 등)과 여러 가지 아트 기법들을 활용하여 손·발톱을 건강하고 아름답게 가꾸는 것을 의미한다.

옛날에는 손톱을 자신의 몸을 보호하는 무기로 사용하거나 나무에 오를 때 또는 음식물을 채취하는 데 사용하였으나 오늘날에는 손톱이 패션 액세서리로 이용되고 있다

매니큐어와 인조 손톱은 생활수준의 향상과 미에 대한 관념의 변화로 인해 인기 있는 영역이 되었으며 시장성도 넓어서 전망 있는 직종으로 자리 잡았다. 네일아트에 관한 기술을 습득하면 네일 아티스트로서 전문 네일 살롱에서 일할 수 있으며 미용학교에서 네일 기술을 가르치는 강사로도 활동할 수 있다.

또한 네일 관련 제품회사에서 실시하는 쇼, 컨벤션 혹은 상점에서 데몬스트레이션을 실시하는 직업 등을 가질 수 있다. 더 나아가서 네일 살롱을 직접 차릴 수도 있고 연예인들의 개인 네일 아티스트로 활동할 수도 있으며 네일에 관한 글을 써서 책을 내거나 잡지에 네일 기술 상담 역할도 할 수 있다.

매니큐어는 패션의 마무리라고 볼 수 있다. 또한 자신의 매력을 향상시켜 자신에 대한 호감을 높이고 자신에게 더 큰 만족감을 주어서 자아존중감을 고양시켜 주는 역할을 하므로 현대 사회에서 아주 중요하다.

2. 네일미용의 기능

1 보호적 기능

손과 발, 손톱과 발톱을 청결하고 건강하게 관리하여 화학적·세균적 자극으로부터 보호하는 기능과 방어 및 공격의 기능이 있으며, 물건을 잡거나 긁을 때 손·발끝을 보호한다.

2 정신적 기능

자기 자신을 아름답고 매력있게 표현해서 타인에게 호감을 주며, 나아가 긍정적인 자아인식과 자신감을 갖게 한다.

3 심미적 기능

손톱의 결함을 보완하고 아름답게 꾸미는 미적인 창조과정을 통하여 보다 나은 삶의 질을 높일 수 있다.

4 장식적 기능

아름답고 세련된 색상과 아트로 개인의 개성을 살리고 손·발톱을 아름답게 표현하는 미화효과를 가진다.

5 사회적 기능

패션의 마무리라고 할 수 있는 네일미용은 의사전달과 사회적 관습, 예의적인 표현, 직업 등을 표현할 수 있다.

3. 네일아티스트의 역할과 태도

1 네일아티스트란?

네일리스트 (Nailist), 네일테크니션 (Nail Technician), 매니큐어리스트 (Manicurist) 등으로 불리며 손·발톱의 손질 및 관리 등에 관련된 업무를 하는 사람을 가르킨다. 인체에 관련된 해부생리학, 피부학, 화장품학, 위생학 등 네일미용을 위한 기초 미용과학에 관한 전문지식을 갖추고 고객의 손·발·팔·다리 손질 등의 아름다움을 관리할 수 있는 전문가를 의미한다. 관리부분은 네일케어뿐만 아니라 네일 아트 영역까지를 포함하고 있다.

2 네일아티스트의 역할

- 네일아티스트는 전문교육을 이수하여 직업에 확실한 신념을 가지고 올바른 네일관리

수행능력과 업무에 충실해야 한다.

- 네일미용기술을 향상시켜 고객에게 유용한 정보를 제공하고 올바른 시술로 건강한 손·발톱을 유지시킨다.
- 심리적·정신적·보호적인 네일미용을 수행하며 전염 및 감염에 대한 예방법을 숙지하고 보건위생에 필요한 조치를 실행하여야 한다.

3 전문 네일아티스트의 태도

- 고객에게 아름다움을 제공하고 만족감을 부여하여 정신적으로 편안하게 해 주는 네일 서비스를 하기 위해 네일아티스트는 타인에 대한 배려와 서비스 정신이 투철해야 하며 자기 통제와 성실하게 시술하는 것을 기본으로 해야 한다.
- 손·발톱에 대한 충분한 전문지식을 습득하고 있어야 하며 항상 청결하게 주변을 정리정돈 한다.
- 고객의 필요에 맞춘 최고의 기술을 창조하고 새로운 기술을 향상시켜 최신 트랜드에 뒤쳐지지 않도록 뷰티 전반에 관한 지식을 갖춰야 한다.
- 진취적이고 긍정적인 서비스 마인드가 중요하므로 교육, 세미나, 연수, 전문잡지 등을 통한 지속적인 자기계발이 이루어져야 한다.
- 고객의 손·발톱에 감염이나 염증 등의 이상이 있을 때는 병원을 찾아가도록 권유한다.

4 비전문 네일아티스트의 태도

- 기둥이나 벽에 기대는 행동
- 팔짱을 끼거나 뒷짐을 지는 행동
- 고객에게 다른 사람을 험담하는 행동
- 고객 앞에서 개인적인 전화통화
- 일과 무관한 직원들간의 잡담

제2장 네일미용의 역사

1. 네일미용의 역사와 유래

1 이집트

최초의 네일미용은 BC 3000년경에 이집트와 중국의 상류층에서 시작된 것으로 전해진다. 고대 이집트에서는 쿠오왕 (B.C 2000년경) 모친의 무덤에서 매니큐어 도구 세트가 발견되기도 하였다. 당시 손톱의 색상이 신분을 나타내는 중요한 기준의 하나로 여겨져 왕족은 짙은 빨간색으로, 낮은 계층의 사람들은 옅은 색만을 사용하게 하여 신분을 구분하였다.

헤나 (Henna)라는 붉은 오렌지색을 추출하여 미라의 손톱에 색상을 입히거나 주술적인 목적으로 태양신에게 바치는 제사와 관련하여 사용하기도 하였다. 이에 클레오파트라의 손톱과 손가락 끝, 손바닥까지 짙은 색상으로 물들여 아름다움을 표현하고 종교적인 목적으로 표현하기도 하였다.

2 중국

중국에서도 특권층의 신분을 드러내기 위해 입술연지를 만드는 '홍화'의 재배가 유행하여 손톱에도 연지를 발랐는데, 이를 '조홍'이라 하였다. 점차 벌꿀과 계란 흰자위, 아라비아산 고무나무에서 얻은 수액을 채취하여 손에 바르는 페인트를 만들어 칠했으며, BC 600년경에 중국의 왕족과 귀족들은 금색과 은색을 손톱에 칠했으며 15세기 명나라 귀족들은 검정색과 빨간색을 손톱에 칠하여 신분 과시와 미적 감각을 동시에 만족시켰다. 17세기 중국 상류층은 부의 상징으로 손톱을 5인치 정도 길게 하고 다녔으며 손톱손상을 막기 위해 보석이나 대나무를 이용해 손톱을 보호했다.

3 유럽

기독교적인 금욕주의 영향으로 화장이나 치장이 간소화하여 매니큐어는 건강을 위한 관리 정도로 이용되었다. 15세기 중세시대에는 손톱에 색을 입히는 일이 여성들만의 것이 아니었다. 유럽과 아시아에 걸쳐 수많은 전쟁을 치렀던 남자들은 전쟁에 나가는 지휘관들이 입술과 손톱에 진한색을 칠함으로써 용맹을 과시하며 승리를 기원하였다.

4 인도

17세기경 인도의 상류층 여성들은 손톱의 뿌리 (조모, Nail matrix)부분에 문신바늘로 색소를 주입하여 상류층임을 과시하기도 하였다.

5 프랑스

17세기경 베르사유 궁전에서 노크는 예의에 어긋난 행동으로 여겨져 문을 두드리는 대신 한 손의 손톱을 길게 길러 손톱을 사용하여 긁도록 하였다.

2. 네일미용의 변천사

1 1800년대

- 1800년 : 산업의 발달과 함께 특권층의 문화이던 네일 관리는 근대에 이르러 네일 재료들이 개발되면서 일반인들에게 대중화되기 시작하면서 네일 끝을 뾰족하게 만드는 아몬드형 손톱 모양이 유행하였으며, 향이 있는 빨간 기름을 바른 후 샤미스 (Chamois: 염소나 양의 부드러운 가죽)를 이용하여 색깔이나 광을 내기도 하였다.
- 1830년 : 유럽의 발 전문의사 시트 (Sitts)가 치과에서 사용되던 기구와 도구에서 착안된 오렌지 우드스틱 (Orange wood stick)을 네일관리에 사용하기 시작하였다.
- 1880년 : 포인티드 손톱 모양이 유행하였다.
- 1885년 : 네일 폴리시 (Nail polish)의 필름 형성제인 니트로 셀룰로오스 (nitrocellulose)가 개발되었다.
- 1892년 : 전문의사 시트 (Site)의 조카에 의해 네일관리가 여성들의 새로운 직업으로 미국에 도입되었다.

2 1900년대

- 1910년 : 금속가위와 금속파일을 이용하여 네일케어를 행하기 시작했고, 옅은 색의 크림이나 가루로 네일에 광을 내거나, 낙타털로 만든 붓을 사용하여 네일 에나멜을 바르기 시작하였다.
- 1917년 : 유럽에서도 네일관리가 본격적으로 시작되면서 보그 (Vouge) 잡지에 닥터 코로니 (Dr. Korony)가 네일 홈케어 제품을 소개하였다.
- 1919년 : 최초로 연한 분홍색의 폴리시가 특허를 받았다.
- 1925년 : 네일 폴리시 산업이 본격화되었고 네일 폴리시를 상점에서 구입할 수 있게 되었으며, 반 월과 프리엣지를 뺀 나머지 네일 베드의 핑크부분만 바르는 문 매니큐어 (Moon Manicure)가 유행하였다.
- 1927년 : 프렌치 매니큐어 (French manicure)의 제조와 사용이 시작되었으며 흰색 에나멜과 큐티클 크림, 큐티클 리무버가 제조되었다.
- 1930년 : 제나 (Gena) 연구팀에 의해 에나멜 리무버, 워머로션, 큐티클오일 등이 최초로 등장하였다.
- 1932년 : 조셉 레브론에 의해 다양한 색상의 에나멜이 출시되었다.
- 1937년 : 손톱을 보수하고 연장하는 인조 네일 팁이 개발되었다.
- 1940년 : 여배우 리타 헤이워드에 의해 빨간색 네일 에나멜을 손톱 전체에 바르는 것이 유행하였고, 남성들도 습식 네일 관리를 이발소에서 시술받기 시작하였다.
- 1957년 : 헬렌 걸리 (Helen Gourley)가 처음으로 네일케어를 미용학교에서 가르치기 시작하였으며, 네일아티스트라는 직업의 위치가 확립되고 네일아트가 유행하기 시작하였으며 네일 팁 (Nail Tip) 사용이 현저하게 늘기 시작했다. 또한, 아크릴 네일 (Acrylic nail)이 최초로 행해지면서 1960년대에는 실크와 린넨으로 약한 손톱을 보강하기 시작했다.
- 1960년 : 실크와 린넨을 이용하여 약한 네일을 보강하는 랩핑 시술이 시작되었다.
- 1970년 : 네일접착제와 접착식 인조손톱이 개발되기 시작했으며 본격적으로 인조손톱으

로 길게 하여 아름다움을 과시하기 시작하면서 네일아트가 미국에 정착하기 시작했다.

- 1974년 : 미국의 식약청 (FDA : Food and Drug Administration)에 의해 메틸메타아크릴레이트 (MMA)같은 아크릴 화학제품의 사용이 금지되었다.
- 1976년 : 스퀘어형태의 네일이 유행하였다.
- 1981년 : ESSIE, O.P.I, STAR Nail 등의 네일전문 제조회사에서 다양한 제품과 핸드 제품이 출시되고 네일 악세서리도 등장하면서 네일 시장이 급성장하였다.
- 1982년 : 미국의 네일 아티스트인 타미테일러 (Tammy Taylor)가 파우더, 프라이머, 리퀴드 등의 아크릴 제품이 개발되었다.
- 1990년 : 독일에서 라이트 큐어드 젤 시스템 (Light Cured Gel System)이 등장하였다.
- 1992년 : 'NIA (The Nails Industry Association)'가 창립되어 네일 산업이 본격화, 정착화 되었다.
- 1994년 : 뉴욕주에서 네일테크니션 면허제도가 도입 되었다.

3 한국 네일의 변천사

- 고려시대 : 봉선화로 물을 들이는 미용풍습은 고려시대부터 현재까지 이어지고 있다.
- 조선시대 : 조선시대 작품 '동국세시기'에 젊은 각시와 어린이들이 봉선화 잎을 찧어 손톱에 물을 들였다고 기록되었다. 하지만, 유교사상의 영향으로 손톱에 색을 입히거나 손톱을 길게 하는 것을 선호하지 않았다.
- 1988년 : 88올림픽 때 미국의 육상선수 그리피스 조이너의 손에 되어진 네일아트가 메스컴을 통해 알려지고 이로인해 이태원에 외국인 대상으로 최초의 전문 네일 샵이 개업되었다.
- 1996년 : 압구정동에 있는 백화점 코너에 네일샵이 입점하면서 일반인에게 알려지기 시작하였다.
- 1997년 : 미국 크리에이티브 네일사가 한국 독점 계약 체결로 고급품질의 네일 전문제품과 다양하고 우수한 소비자용 제품이 양질의 서비스와 함께 국내에 대량 공급되면서

제품 대중화에 기여하게 되었다. 이러한 경향은 미국에서 네일살롱을 경영하거나 라이센스를 획득한 네일아티스트들이 살롱이나 학원을 경영하기 시작하면서 급성장하기 시작하였다.

- 1998년 : 네일협회가 결성되어 민간 자격증과 네일 종사자들의 결속력을 다져 갔으며, 네일아트 전문학원, 미용학교, 대학에서의 네일과목 개설, 사회 교육 프로그램에서 네일 아트에 대한 이론과 실습 교육을 함으로써 체계적인 네일 교육이 시작되었다. 국제 네일 조직 연맹에 가입하고, 각종 국제대회를 유치하였으며, 세계대회에서 우리나라 네일 아티스트들의 위상이 세계가 인정하는 기술 보유국으로 눈부신 성장을 하게 되었다.
- 2014년 : 11월 16일 제 1회 미용사(네일) 국가자격증 필기시험이 시행되었다.

4 현대

경제성장과 함께 여성들의 사회진출이 증가하면서 네일 관리를 하는 것이 하나의 에티켓으로 여겨지게 되었고, 네일 관련 산업은 빠른 대중화와 함께 미국, 일본, 유럽 등 선진국에서 엄청난 호황으로 대중적 인기를 누리고 있으며, 네일 산업이 하나의 업종으로 정착되면서 핸드 페인팅, 에어브러쉬, 믹스미디어, 쥬얼리 피어스, 환타지, 2D, 3D 등 다양한 아트 기법이 등장하였으며 그에 따른 다른 제품도 빠른 속도로 개발이 이루어지고 있다. 현대 한국은 소득수준의 향상과 여성들의 사회적 지위가 높아지고 아름다움을 추구하는 욕구가 강해지면서 여성들의 손에 대한 관심이 높아지고 많은 네일아티스트들이 등장하면서 네일 산업은 빠른 속도로 성장하고 있다.

네일 산업은 IMF라는 외환위기 속에서 많은 미용 업체들이 경영악화로 구조조정 되었음에도 불구하고 꾸준히 성장하였으며, 2005년 대중화 붐과 함께 성장한 네일 산업은 대형화와 프랜차이즈의 등장으로 미용, 패션의 일부분으로 자리매김하면서 독자적인 영역으로 발전하고 있으며 네일 제품을 수입, 유통, 판매하는 회사와 직접 제조 유통하는 회사에 이르기까지 수많은 회사가 성장을 거듭하고 있다.

제3장 손톱의 역할과 특성

손톱은 인체의 건강상태를 나타내는 한 부분으로써 인체의 어느 부분에 이상이 생기면 손톱에도 이상이 나타나는 경우가 종종 있다. 네일 아티스트는 고객에게 전문적이고 책임감 있는 네일 서비스를 제공하기 위해서 네일의 구조와 기능을 알아야 한다.

1. 손톱의 역할

- 손발의 끝을 보호한다.
- 외부 자극에 대해 방어와 공격의 기능을 한다.
- 물건을 잡거나 긁는데 도움이 된다.
- 몸의 건강상태를 나타내 준다.
- 미적 · 장식적 기능을 한다.

2. 손톱의 특성 및 구성 성분

1 특성

손톱은 피부기관의 하나로 표피의 각질층이 변하여 형성된 α-케라틴이라는 딱딱한 섬유 단백질 성분의 직사각형 반투명 널판으로 여러 겹으로 구성되어 있고, 두께가 약 0.5mm~0.7mm이다. 손톱 자체는 재생능력이 없고 피부의 부속물로 신경, 혈관, 털, 땀샘, 지방샘 등이 없다. 그러나 손톱 자체에 유수분을 함유하고 있다. 수분은 12%~18%, 지방은 0.15%~0.75% 존재한다. 그래서 자르거나 구멍은 뚫어도 아프지 않고 피가 나지 않는 것이다. 손톱이 숨을 쉰다는 말은 맞지 않는다. 물론 손톱의 성장이 시작되는 곳에서는 우리 신체와 연결고리가 있어 손톱을 자라게 해주는 역할을 하지만 손톱 자체는 생명력이 없다.

2 구성 성분

손톱에는 아미노산과 시스테인이 많이 포함되어 있고, 대략 12~18%의 수분을 함유하고 있는데, 손톱에 함유된 수분의 양이나 각질 조성에 따라 손톱의 강도가 달라진다. 손톱의 수분 양은 외부의 환경에 따라 5~24% 정도까지 증감한다. 수분을 많이 함유한 손톱은 부드럽고 자르기 쉬우며, 건조한 손톱은 부스러지기 쉽다. 0.15~0.75%의 지방과 아미노산, 시스테인 등도 손톱의 구성성분이다.

손톱은 층상 구조로 되어 있어 수분 양이 변할 경우 두께가 변하게 된다. 네일 바디(조체)는 산소를 필요로 하지 않으나 큐티클(조소피)과 네일 루트(조근)는 산소를 필요로하며 네일 베드(조상)의 혈관으로부터 산소를 공급받는다.

어떤 사람은 에나멜을 발랐을 때 답답하다고 느끼는 경우가 있다.

메이크업을 처음하는 사람은 누구나 얼굴에 무언가를 칠했다고 의식하기 때문에 답답해하고 지우고 싶어한다. 그러나 매일 메이크업을 하는 사람은 아무렇지도 않게 얼굴을 만지고, 생활하는데도 거의 지장이 없다. 에나멜도 마찬가지이다. 바르던 습관이 있는 사람은 아무렇지도 않은데 처음 바르는 사람이나 익숙치 않은 사람은 손톱에 무언가가 있다는 것 만으로도 답답해하고 신경을 쓴다. 간혹 메이크업도 트러블이 있듯이 손톱도 에나멜이 체질적으로 맞지 않는 사람도 있으나 거의 드문 현상이다.

3. 손톱의 성장

손톱은 한 달에 약 1/8인치, 즉 3mm 정도 자란다. 네일 바디의 완전한 교체는 4~6개월이 걸린다. 손톱 성장이 빠른 경우와 느린 경우에 대해서 알아보자.

1 빠른 경우

여성보다는 남성의 경우, 피아니스트, 손톱을 깨무는 경우, 타자를 치거나 피아노, 컴퓨터를 치는 경우, 혹은 손톱을 자주 깎는 경우, 또한 온도가 높을수록, 연령이 낮을수록 손톱이 빨리 자란다. 또, 오른손잡이인 경우 오른손이 빨리 성장하는데 그중에서도 중지가 가장 빠르고 엄지가 가장 느리다. 발톱은 손톱의 1/2 속도로 자란다.

2 느린 경우

여성, 생리적 부담이 있을 때, 흡연, 질병이 있는 경우가 느리다.

- 네일의 성장은 네일 루트(조근)에서 시작된다.

- 네일 메트릭스(조모)에 강한 자극이 가해지면 네일이 영구적으로 변형되거나 성장을 멈추기도 한다.
- 한달에 약 3~5mm정도, 하루 평균 0.1mm 정도의 길이가 자란다.
- 나이나 건강상태, 생활습관, 주위환경에 따라 성장 차이가 있을 수 있다.
- 보통 여름에는 손톱의 성장 속도가 빠르고, 겨울에는 손톱의 성장이 느려진다.
- 엄지손톱의 성장이 가장 느리며 중지 손톱의 성장이 가장 빠르다.
- 손톱의 손상으로 조갑이 탈락되었을 경우 회복하는데 5~6개월이 걸린다.
- 발톱은 손톱보다 1/2정도 늦게 자란다.

4. 건강한 손톱이란

부드럽고 매끄러우며 광택이 있고 투명한 핑크 색을 띠는 손톱이 건강한 손톱이다. 또한 네일 베드(조상)에 강하게 부착되어 있어야 한다. 건강한 손톱은 단단하면서도 탄력이 있으며 둥근 아치 모양이다. 수분을 약 12%~18% 정도 함유해야 한다. 세균 등에 감염되지 않아야 한다. 노동조건이나 건강상태, 청결도에 따라 손톱의 상태가 달라지므로, 손톱을 보아 그 사람의 상태를 짐작할 수 있다. 건강상태가 나빠지면 손톱에 그 영향을 미쳐 비정상 손톱이나 불완전하게 성장한 손톱이 되는 경우가 있다. 당연히 균형이 잡힌 식사와 적당한 일광(칼슘의 흡수에 관여한다)은 손톱의 상태를 향상시켜 준다.

- 손톱이 네일 베드에 잘 부착되어 있어야 한다.
- 손톱의 색깔은 연한 핑크색을 띠며 매끄럽고 윤기가 있어야 한다.
- 손톱의 모양은 둥근 아치형이어야 하며 유연하고 탄력이 있어야 한다.
- 12~18%의 적당한 수분을 함유해야 한다.
- 손톱이 세균에 감염되지 않은 상태이어야 한다.

5. 손톱으로 보는 건강 상태

- 푸른빛이 감도는 손톱 : 혈액순환 불량, 정신적인 과로와 고민
- 창백한 손톱 : 빈혈, 영양장애, 심장 질환 등

- 붉거나 검붉은 손톱 : 모세혈관에 탄력이 없거나 파열된 사람
- 가로줄 무늬 또는 패인 손톱 : 정신적 질환, 과로, 급성 전염병, 영양실조 등
- 얇고 잘 찢어지는 손톱 : 비타민, 레시틴이 부족, 신경계통의 만성질환, 유전적 원인

6. 건강한 손톱 관리 방법

- 세제의 사용빈도를 줄인다.
- 고무장갑을 끼고 설거지를 한다.
- 손톱 끝을 사용하기보다는 손가락 마지막 마디를 사용한다.
- 에나멜 리무버는 알콜이 들어있지 않는 리무버를 사용한다.
- 손의 건조함을 방지하기 위해 핸드로션을 바른다.
- 약한 손톱은 강화제나 영양제를 바른다.
- 핸즈케어와 네일케어를 정기적으로 해준다.

7. 손톱이 나빠지는 원인

- 선천적인 요인 : 유전 등이 원인이 된다.
- 후천적인 원인 : 매트릭스에 상처가 났을 때, 미숙한 파일링 방법, 손톱깎이 사용, 스트레스, 정신적인 강력한 쇼크 등이 원인이 된다.

제4장 손톱의 구조와 기능

1. 손톱의 구조와 명칭

손톱의 구조는 손톱자체와 손톱 밑의 피부조직, 손톱을 둘러싼 피부로 크게 나눌 수 있다. 발톱의 구조는 손톱과 기본적으로 같으며, 구조의 명칭도 같다.

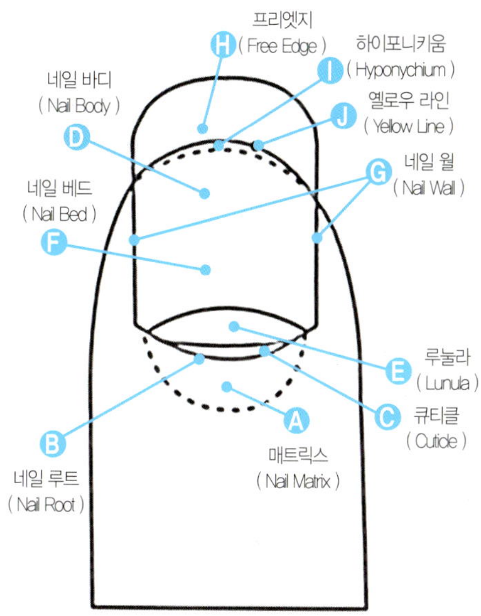

손톱의 구조 (정면)

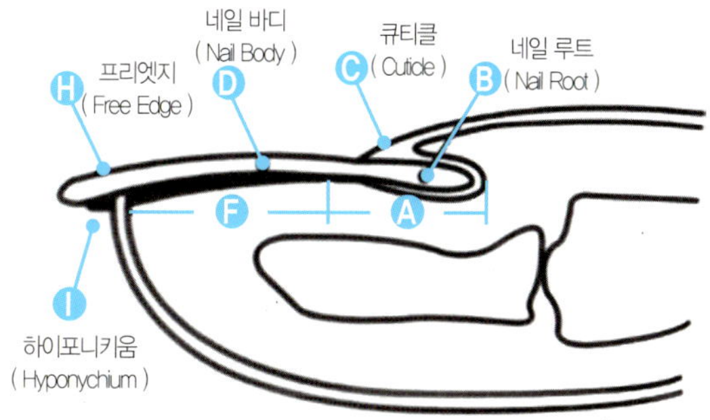

손톱의 구조 (측면)

- Ⓐ 매트릭스 (Nail Matrix, 조모)
- Ⓑ 네일 루트 (Nail Root, 조근)
- Ⓒ 큐티클, 에포니키움 (Cuticle, Eponychium, 상조피)
- Ⓓ 네일 바디, 네일 플레이트 (Nail Body, Nail Plate, 조체, 조판)
- Ⓔ 루눌라 (Lunula, 반월)
- Ⓕ 네일 베드 (Nail Bed, 조상)
- Ⓖ 네일 웰 (Nail Wall, 조벽)
- Ⓗ 프리엣지 (Free Edge, 자유연)
- Ⓘ 하이포니키움 (Hyponychium, 하조피)
- Ⓙ 옐로우 라인, 스마일 라인 (Yellow Line, Smile Line)

2. 네일자체의 기능 및 특성

손톱과 발톱은 손끝과 발끝을 보호하고 필요시 무기로 사용된다. 손톱은 물건을 잡거나 긁는데 도움이 되고, 악기를 연주하는 등의 미적, 장식적 기능도 갖고 있다.

1 네일루트 (조근 Nail root)

손톱 뿌리로서 손톱 성장이 시작되는 부분이다. 손톱 피부 밑에 5mm 깊이에 위치한 얇고 부드러운 조직으로 손톱 세포를 형성한다. 오래되고 딱딱해진 세포들을 밀어내기 때문에 손톱이 자라는 것이다.

2 네일바디 (조체 Nail body/조판 Nail plate)

손톱자체를 말하는 네일바디는 조판(Nail Plate)이라고도 하며 네일베드(Nail Bed)를 보호하는 역할을 한다. 죽은 단백질로 구성되어 있으며 신경과 혈관이 없으며 산소를 필요로 하지 않는다.

3 프리엣지 (자유연 Free edge)

네일베드가 없는 손톱의 끝부분이다.

4 스트레스 포인트(Stree point)

플레이트가 네일베드에서 떨어져 나가기 시작하는 양단의 포인트로 가장 부서지기 쉽고, 금가기 쉬운 부분이다.

3. 손톱 밑의 기능

1 네일 매트릭스 (조모 Nail matrix)

네일루트 (Nail Root) 바로 밑에 있으며 모세혈관, 림프, 신경조직 등이 있어 손톱을 만드는 세포를 생성, 성장시키는 역할을 한다. 이곳이 손상되면 손톱이 더 이상 자라지 않거나 기형이 될 수 있으므로 주의 해야 한다.

2 네일베드 (조상 Nail bed)

네일 바디 밑의 피부를 말하며 네일바디를 받쳐주는 역할을 한다. 지각신경조직과 모세혈관이 있다. 모세혈관은 손톱이 핑크빛을 내도록 도와주며 신진대사와 수분공급 역할을 한다.

3 네일 루눌러 (조반월 Nail lunula)

유백색의 반달모양으로 네일베드와 매트릭스, 루트를 연결해 주며 케라틴화가 덜 된 여린 부분이다.

4. 손톱 주변 피부의 기능

1 큐티클 (조상막 Cuticle)

손톱 주위를 덮고 있는 신경이 없는 피부부위로 미생물 등 병균의 침입으로부터 손톱을 보호하는 역할을 한다. 정상적인 큐티클은 적당한 수분과 탄력으로 갈라짐이 없어야 한다.

2 에포니키움 (상조피 Eponychium)

루눌러를 덮고 있는 큐티클 밑의 얇은 막의 피부를 말한다.

3 하이포니키움 (조하막 Hyponychium)

손가락 끝에서 네일바디로 들어가기 시작하는 부분, 즉 프리엣지 밑의 돌출된 피부를 말하며 세균의 침입으로부터 손톱을 보호하는 특징이 있다.

4 네일 그루브 (외측조구 Nail Groove)

네일 베드의 양쪽 측면에 좁게 패인 곳을 말한다.

5 네일 월 (Nail wall)

네일 그루브 위에 있는 양 측면을 지지하는 피부 부분을 말한다.

6 네일 폴드 (Nail fold)

네일루트가 묻혀 있는 손톱, 베이스에서 깊이 접혀있는 부분을 말한다.

7 파로니키움 (Perionychium)

손톱 전체를 둘러싼 피부 조직을 말한다.

8 옐로라인 (Yellow line)

손톱과 네일베드의 경계선을 말한다.

제5장 손톱의 질환

오닉스 (Onyx)는 네일을 지칭하는 전문 용어로 손톱과 관련된 뜻을 가진 그리스어 오니코 (Onycho)에서 기인한 것이다. 손톱의 비정상적인 상태는 대부분 그리스 어원에서 비롯되는 오니코로 시작하거나 끝나는 경우가 많다.

네일 아티스트는 네일의 비정상적인 상태에 대한 지식을 가지고 있어야 하며, 네일의 상태를 보고 인식할 수 있어야 한다. 경우에 따라서는 의사에게 갈 것을 권유해야 하고, 네일 관리가 가능한지 판별해야 한다.

1. 비정상적인 네일상태 (네일 아티스트가 시술 가능한 손톱)

1 행네일 (Hangnail 손거스러미)

에포니키움 (Eponychium) 부분이 갈라져서 일어나는 것이다. 핫오일 매니큐어로 치유될 수 있다.

2 멍든 손톱 (Bruised nail)

네일베드가 어떤 손상을 받아 피가 응결된 상태이다. 관리시 손톱에 무리가 가지 않도록 조심해서 다룬다. 시술 도중에 손톱이 떨어져 나갈 수 있으므로 인조네일을 시술해서는 안 된다.

3 변색된 손톱 (Discolord nail)

손톱이 황색, 푸른색, 검푸른색, 자색 등의 색상이 나타난다. 혈액순환이 원활하지 않을 경우 네일바디는 푸른빛을 띠며, 빈혈이나 영양 결핍이 있을 때는 창백한 하얀색이 나타난다. 또한 곰팡이 균의 감염으로 변색이 있을 수 있다.

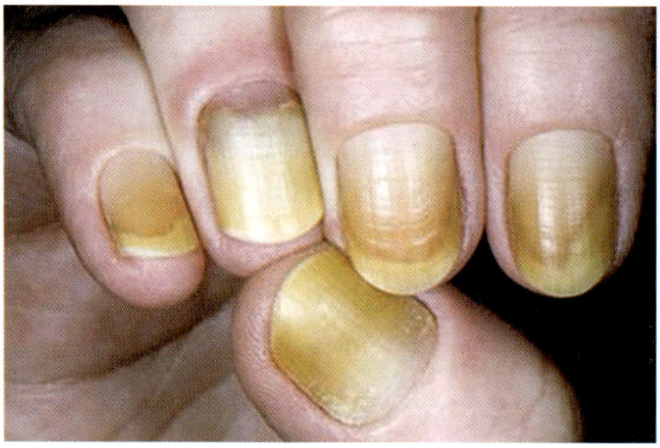

[그림] 변색된 손톱
(출처: http://cafe.naver.com/fashion1550/2790)

4 네일 끝부분의 갈라짐 (chapped)과 균열 (Fissures)

균열된 네일은 손톱 양쪽 끝의 피부에 생기는 외상으로 통증을 수반하는 경우가 많다. 이는 핫오일 매니큐어로 치유 될 수 있다.

5 고랑파진 손톱 (Furrow, Corrugations)

고랑파진 손톱 또는 주름 잡힌 손톱이라고 하며 세로나 가로로 긴 골이 잡혀 있다. 손톱의 세로줄은 정상적인 사람에게도 나타날 수 있다. 식습관이나 질병, 신경성 등에 기인한다. 네일의 외관을 위해 버핑 작업을 하거나 인조 네일을 접착할 수 있다.

6 혈종 (Hematoma)

네일베드의 혈액이 응고되어 전체가 시커멓게 변하거나 네일 바디에 퍼런 멍이 반점처럼 나타나는 증상이다. 매트릭스가 다치지 않았다면 몇 개월의 기간동안 새로운 네일이 자라게 된다. 만약 네일이 잘 고정되어 있는 상태라면 에나멜을 바르거나 인조네일을 시술 할 수 있다.

7 계란 껍질 손톱 (조갑연화증 Eggshell nail)

네일의 프리엣지 부분이 휘면서 전체적으로 얇고 약해지며 흰색을 띠는 네일이다. 식습관이나 질병, 신경성에서 비롯되는 증상이다. 이런 손톱은 조심성있게 다루어야 하며 퓨셔를 사용할 경우 힘을 빼고 살살 밀어 올리고 부드러운 파일을 사용한다.

8 내성손톱 (인그로우네일 Ingrown nail)

네일의 체벽쪽으로 자라는 증상으로 손·발톱에 흔히 나타난다. 네일을 자를 때 잘못하거나 너무 짧게 자르는 경우 또는 지나치게 꽉 끼는 신발을 신는 경우에 발생 할 수 있다. 매니큐어나 패디큐어가 이 증상을 완화시킬 수 있으나 심할 경우 의사에게 가도록 한다.

9 흰색반점 (루코니키아 Leuconychia)

유전적인 요인이나 질병 또는 상처로 인해 손톱 밑에 공기가 들어가 유발되는 증상으로 특별한 방도는 없다. 네일이 자라도록 두면 자연스럽게 없어진다. 네일이 건강한 상태라면 폴리시를 바르거나 인조네일을 접착해도 무방하다.

10 검은반점 (니버스 Nevus)

멜라닌 색소가 착색되어 일어나는 증상으로 손톱에 밤색이나 검은 색으로 얼룩이 생기며 모반점이라고도 한다. 손톱이 자라면서 없어지며 폴리시를 바르거나 인조네일을 접착한다.

11 조갑위축증 (오니코아트로피 Onychoatrophy, Atrophy)

손톱이 부서져 없어지는 경우를 말하며 손톱에 광택이 없어지고 오그라들며 떨어져 나간다. 네일 매트릭스에 손상을 입었거나 내과적 질병에 의해 생길 수 있으며, 강한 알칼리성 세제를 많이 사용한 경우에나 매니큐어링 과정 중 과도한 퓨셔 사용으로도 발생 할 수 있다. 손톱 관리시 부드러운 파일을 사용하고 가급적 철제 퓨셔의 사용과 강한세제의 사용을 금한다. 내과적 질환의 경우 치료가 끝나면 손톱은 다시 자란다.

12 교조증 (오니코파지 Onychophagy)

손톱을 심하게 물어 뜯는 것을 말한다. 인조손톱을 붙이거나 꾸준한 손톱관리를 한다.

13 조갑청맥증 (오니코싸이아노시스 Onychocyanosis)

손톱의 색이 푸르스름하게 변하는 증상이다. 혈액순환이 제대로 이루어지지 않아 일어나는 증상이므로 네일관리를 정규적으로 할 수는 있으나 의사와 상의 할 것을 권해 드려야 한다.

14 조갑비대증 (오니콕시스 Onychauxis)

손·발톱의 과잉 성장 때문에 손톱이나 발톱이 비정상적으로 두꺼워진다. 신체내의 질병이나 상해로 인하여 유발되는 증상으로 두께는 버핑 작업을 통해 감소 시킬 수 있고, 길이도 손톱을 깍고 다듬는 과정을 통해 손질 될 수 있다. 경미한 증상은 버핑으로 가능하나 심하면 의사와 상의하도록 권한다.

15 조갑종렬증 (오니코렉시스 Onychorrehexis)

손톱이 갈라지거나 부서지는 상태를 말한다. 세로로 골이 파져 있다. 손톱의 상해, 부주의한 손질, 과다한 큐티클 용해액이나 비누, 화학 제품의 사용에 의해 유발된다. 핫오일 매니큐어를 통해 증상을 완화할 수 있다.

16 조갑경화증 (세클라오니키아 Secleronychia)

질병이나 상해를 통해 유발되는 손톱 표면의 증상으로 네일이 두껍고 건조하며 샐러리 줄기처럼 줄이 가 있는 상태를 보인다. 이는 버핑을 통해 다듬어질 수 있다.

17 조갑익상편 (테레지움 Pterygium)

큐티클이 과잉 성장하여 네일 플레이트 위로 같이 자라는 증상을 말한다. 주기적으로 단단하고 건조한 큐티클을 제거하며, 핫오일 매니큐어로 꾸준히 관리하여 교정할 수 있다.

2. 비정상적인 네일상태 (네일아티스트가 시술 불가능한 손톱)

네일 질환을 가진 고객에게는 먼저 의사에게 갈 것을 권유하고 모두 치유된 후에 서비스를 제공해야 한다. 네일과 관련된 질환의 총칭은 오니코시스이다.

1 네일몰드 (Nail mold)

처음 황록색으로 시작하여 점차 검은색으로 변한다. 인조네일을 시술하고 2~3주에 한번씩 보수하지 않으면 자연네일과의 사이에 습기가 스며 들어서 생길 수 있는 일종의 진균염증이다. 곰팡이를 발견한 즉시 인조네일을 제거하고 약을 바르면 회복된다.

2 무좀 (티니아 페디스 Tinea pedis)

진균에 의한 감염으로 발바닥 전체나 발가락 사이에 붉은 색의 물집이 잡히거나 여러 군데에 핑크빛 점들이 생긴다. 그 상태로 방치하면 물집이 생겨 가렵고 피부가 갈라지는 증상으로 발전하게 된다. 특이 이 질병은 발가락 주변에 심하게 나타난다. 매우 전염성이 높은 질환이다.

3 파로니키아 (Paronychia)

네일 주변과 베이스의 외피 또는 내피까지의 염증으로 박테리아에 의한 질환이다. 상해에 의해 발병되기도 하며, 네일 관리시 위생처리 되지 않은 도구를 사용하거나 너무 심하게 큐티클을 제거함으로써 박테리아 감염에 의해 발병될 수 있다.

4 오니키아 (Onychia)

네일 베이스 부분의 근육 조직에 염증과 고름이 생기는 증상으로 소독이 안 된 네일 기구 사용 시 박테리아가 침투해 이런 증상을 유발할 수 있다. 전염성이 강하다.

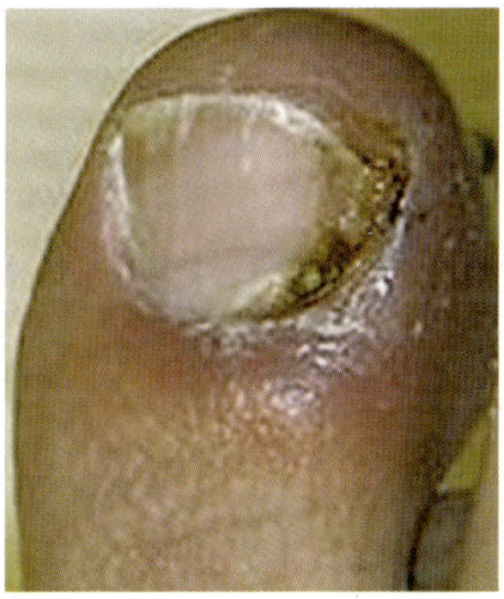

[그림] 오니키아
(출처: http://blog.naver.com/eun_nail?Redirect=Log&logNo=140139488438)

5 오니코그리포시스 (Onychogryphosis)

손톱의 만곡이 확장되고 커지는 현상이다. 손톱이 두꺼워지며 구부러지고 때로는 손가락이나 발가락 밖으로 확장된다. 이 상태는 염증을 일으킬 수 있고 손톱이 피부 속으로 파고들면 통증이 생긴다. 이 증상의 원인은 아직 알려져 있지 않다.

6 오니코마이코시스 (Onychomycosis)

희미한 패치 (Patch)가 생기거나 황색의 긴 줄무늬가 생기기도 한다. 프리에지로 침투하여 뿌리로 퍼져 나가며 감염된 부분은 떨어져 나가고 네일 베드가 들러난다. 진균 감염이 원인이다.

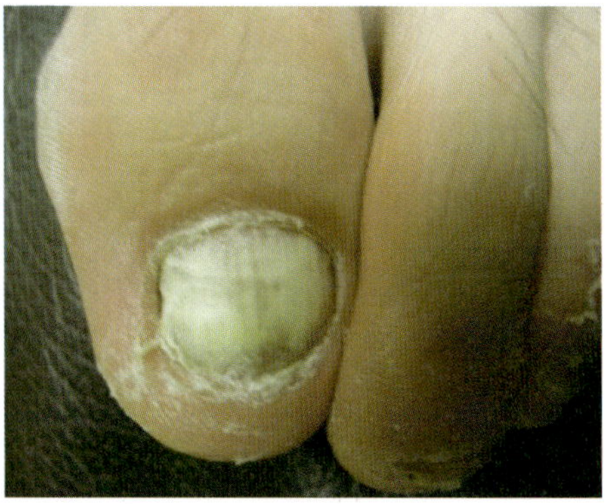

[그림] 오니코마이코시스
(출처: http://blog.naver.com/j26662?Redirect=Log&logNo=80186433641)

7 오니코리시스 (Onycholysis)

프리엣지 아래의 네일베드에서 시작하여 네일이 빠지지는 않으나 반달 모양의 루눌러 쪽으로 번지는 증상이다. 질병이나 펑거스에 의해 유발되는 것으로 뽀족한 기구에 하이포니키엄을 찔리거나 시트러스산이 염증을 유발해 네일이 과다하게 스트레스를 받는 상태에서 발병하기도 한다.

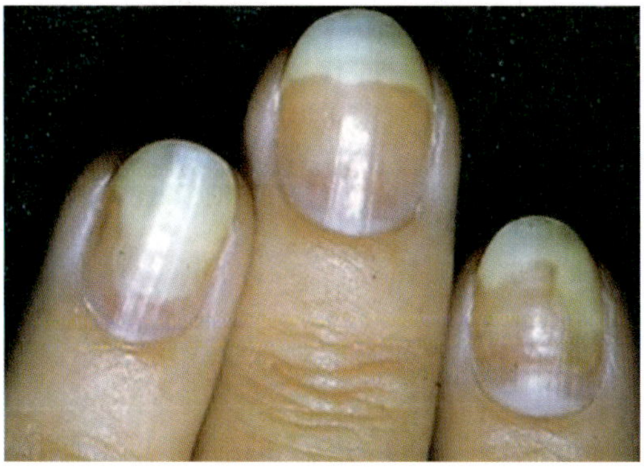

[그림] 오니코리시스
(출처: http://blog.naver.com/eun_nail?Redirect=Log&logNo=140139488438)

8 오니콥토시스 (Onychoptosis)

손톱의 일부분 혹은 손톱 전체가 주기적으로 손가락에서 떨어져 나가는 증상으로 한 개의 손톱 혹은 여러개의 손톱에서 일어날 수 있다. 매독 · 고열 또는 약물 반응이나 외상 등으로 일어날 수 있다.

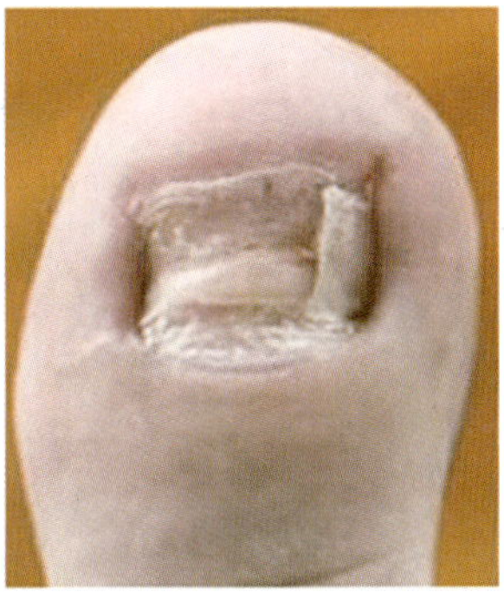

[그림] 오니콥토시스
(출처: http://blog.naver.com/eun_nail?Redirect=Log&logNo=140139488438)

9 오니코포시스 (Onychophosis)

네일 밑 부분의 피부층이 두꺼워지면서 네일 밑에 축적되어 네일베드에서 네일이 일어 나게 된다.

10 파이로제닉 그래뉴로마 (Pyrogenic Granuloma)

심한 염증 상태로 네일베드에서 네일바디로 붉은 살이 자라 나온다. 손톱주위의 박테리아 감염 또는 위생처리하지 않은 도구의 사용으로 나타날 수 있다.

이상에서 설명된 질환의 증상을 나타내는 고객들에게는 네일관리를 해서는 안되며 반드시 의사와 상담할 것을 권한다.

펑거스란?

식물에서 기생하는 일반적인 용어인 펑거스는 백선이라고도 불린다. 펑거스는 매니큐어 서비스에 관련되는 모든 티니아와 몰드를 포함한 개념이다.
펑거스는 네일이 빠지지는 않지만 네일 베드로부터 플레이트가 고정되지 않는 리프팅 현상을 유발하기도 한다. 이러한 현상을 유발하는 원인은 여러 가지가 있다. 예를 들어 손톱에 지나치게 무리가 가거나 하이포니키움 부분에 뾰족한 물체에 의한 상처를 입는 경우, 인조 네일을 너무 오래 접착하고 있는 경우, 화학제품이나 세제, 경구약에 의한 인체의 화학반응 등도 리프팅 현상을 유발할 수 있다.
펑거스는 네일 표면의 변색을 유발한다. 펑거스가 진행되면 프리에지에서 큐티클 쪽으로 가면서 색이 더 진하게 되는 현상을 나타낸다. 펑거스가 있다고 판단이 되면 즉시 인조 네일을 제거하고 펑거스를 치료해야 한다. 일주일간의 치료에도 별 차도가 없으면 의사와 상의하도록 권해야 한다.

CHAPTER 2

피부학

제1장 피부와 피부 부속 기관

1. 피부 구조

피부는 신체를 둘러싸고 있는 하나의 막으로 되어 있으며 외부의 환경으로부터 몸을 보호한다. 피부의 구조는 크게 표피, 진피, 피하조직의 3층으로 이루어진다. 그리고 피부의 부속기관으로는 한선, 피지선, 모발 그리고 조갑 (Nail) 등이 있다. 피부의 표면적은 개인에 따라 다르지만 남자는 약 1.6m^2 이고 여자는 약 1.4m^{2}로 두께는 2~2.2mm이다. 성인의 피부는 보통 신체 무게의 16~20%를 차지한다. 피부의 구성성분은 수분, 지방, 단백질 및 무기질로 구성되어 있다.

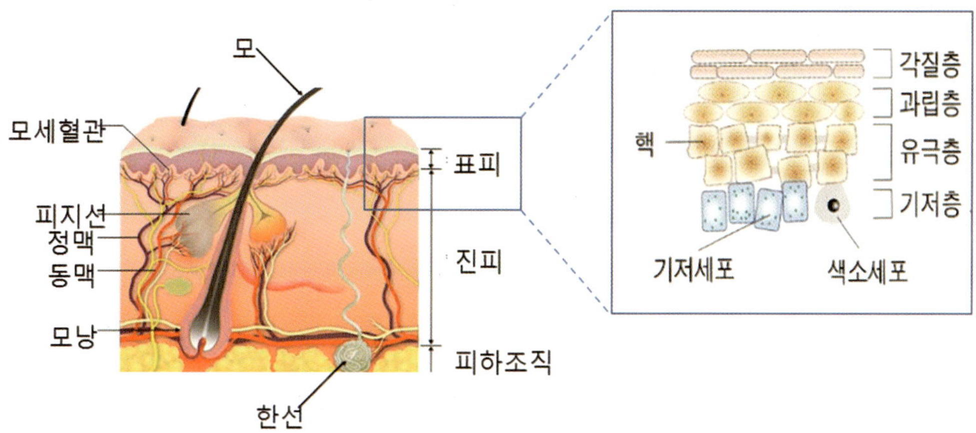

피부의 구조

1 표피 (Epidermis)

표피는 피부의 가장 바깥층으로 각화세포의 변형에 따라 기저층, 유극층, 과립층, 투명층, 각질층의 5개층으로 구성되어 있다.

❶ 각질층

피부의 가장 바깥층이며, 편평한 비늘모양의 죽은 세포가 약 15~25개 층으로 겹겹이 형성되어 있다. 수분의 함류량에 따라 두께가 다르며, 각질형성세포로 구성되어 있다. 28일을 주기로 각화과정이 일어난다. 인체를 보호하고 수분증발을 억제 시키는 장벽 기능이 있다.

❷ 투명층

빛을 차단하는 역할을 하며, 엘라이딘 (Elaidin)이라는 유동적 물질이 수분침투를 방지하고 윤기 있는 피부를 만들어준다. 손바닥과 발바닥처럼 두꺼운 피부에 존재한다. 약 2~3개 층의 편평한 형태의 이행세포들로 구성되어 있다.

❸ 과립층

약 2~5개 층의 방추형 세포들로 구성되어 있다. 케라토히알린 과립 (Keratohyalin Garnule)이 있어 각질화 과정이 실제적으로 일어난다.

❹ 유극층

약 5~10개 층의 다각형 세포들로 구성되어 있다. 랑게르한스 세포 (Langerhans Cell)가 외부 이물질 침입에 대해 신체를 방어하는 면역체계를 형성한다.

❺ 기저층

표피의 가장 아래층으로 원주상 혹은 입방상의 세포들로 구성되어 있고 단층의 물결모양이다. 피부퓨면의 상태를 결정짓는 중요한 층으로 상처를 입으면 세포재생이 어려워 흉터로 남는다. 촉각인지세포인 머켈세포 (Merkel Cell)와 색소형성세포인 멜라닌 세포 (Melanocyte Cell)로 형성되어 있다. 표피를 진피에 고정시키는 기능을 한다.

2 진피 (Dermis)

진피는 피부의 약 95%를 차지하는 실질적인 피부로 표피보다 약 20~40배 정도 두껍다. 진피는 구분이 분명하지 않은 유두층과 망상층으로 구성되어 있다.

❶ 유두층

모세혈관, 림프관, 신경등이 존재한다. 산소와 영양분을 기저층에 공급하고 노폐물을 제거한다. 결합조직인 콜라겐으로 형성되어 있으며, 물결모양을 이루고 노화의 정도를 짐작할 수 있다. 촉각과 통각이 존재한다. 유두의 모양은 돌기로 형성되어 있으며, 기저층에 영양분을 공급한다.

❷ 망상층

콜라겐과 엘라스틴이 그물모양으로 짜여있는 결합조직으로 피부의 탄력성을 지니게 한다. 교원섬유와 탄력섬유로 구성되어 있어 피부가 과잉으로 늘어나거나 파열되지 않도록 한다. 한각과 온각, 압각이 존재한다.

3 피하조직 (Subcutaneous Tissue)

피하조직은 피부의 가장 아래층에 존재한다. 피하조직의 두께는 지방의 두께에 의해 결정되므로 신체부위, 나이와 영양상태 등에 따라 달라진다. 피하조직의 기능은 외부로부터의 충격을 잘 흡수하여 내부기관을 보호하고 몸매를 결정하며 지방을 저장하는 저장소 그리고 체온의 손실을 막는 보온 등의 기능을 갖는다.

2. 피부의 기능

1 보호 작용

1. 피부는 날씨와 태양광선 및 외부의 압력이나 충격 등 물리적 화학적 자극으로부터 몸을 보호한다.
2. 피지막(pH 4.5~6.5) 형성으로 피부가 건조해지는 것을 방지하고 세균과 박테리아로부터 산성막이 피부를 보호해준다.
3. pH의 균형이 깨졌을때는 본래의 피부로 환원하는 기능을 가지고 있다.
4. 태양광선을 많이 받는 부분은 피부가 두껍게 되거나 멜라닌 합성으로 피부색을 검게 만들어 보호하는 기능을 가지고 있다.

2 각화 작용

1. 피부는 약 26~28일의 주기로 각화 작용을 한다. 즉, 기저층에서 만들어진 각질 형성 세포가 각질이 되어 떨어져 나가는 과정이다.
2. 각화 작용은 미생물의 피부 침투를 막아준다.
3. 피부세포의 각질화 과정이 너무 빨라지면 민감한 피부가 되며 반대의 경우는 피부 두께가 두꺼워진다.

3 분비 작용

1. 피부의 분비는 내분비와 외분비로 나뉜다.
2. 피부의 외분비 작용에는 한선과 피지선이 관여한다.
3. 외분비 작용에 의해 피부의 보습력이 유지된다.
4. 외분비 작용으로 피부의 pH가 약산성으로 일정하게 유지될수 있다.
5. 땀은 증발하여 체온조절을 하고 피지와 섞여 보호막을 형성한다.

4 흡수 작용

① 피부는 화장품 등과 같은 외부 접촉물질 등 특정한 물질을 선택적으로 흡수하는 성질이 있다.

② 피부의 흡수 경로는 크게 두 가지인데, 하나는 모공, 땀구멍과 같은 피부의 부속기관이며 다른 하나는 표피의 각질층이다.

③ 피부는 수용성보다 지용성 물질을 잘 흡수한다.

5 감각 작용

① 피부에는 150~200여개의 통각점, 25개의 촉각점, 6~23개의 냉각점, 2~3개의 온각점 등의 감각수용기가 존재한다.

② 피부는 다양한 외부자극을 감각수용기를 통해 받아들이고 이러한 자극을 뇌에 전달하여 여러 가지 감각을 느끼게 한다.

6 체온조절 작용

① 인체는 외부 온도 변화에 따라 체온을 일정하게 유지시킨다.

② 피부는 체온 유지를 위해 주로 혈액의 양이나 땀의 분비량을 조절한다.

③ 외부의 온도가 높아지면 혈관을 확장 시키고 모공을 열어 땀을 분비시켜 체온이 내려가도록 돕는다. 반면, 외부의 온도가 낮아지면 혈관을 수축시키고 모공을 닫아주어 땀의 분비를 막아 체온이 내려가는 것을 막는다.

7 비타민 D생성 작용

비타민 D는 뼈의 성장에 관여하며 칼슘과 인의 흡수를 도와 구루병을 예방한다.

8 영양소 저장 작용

① 피부는 인체의 신진대사를 돕기 위하여 영양물질을 에너지원으로 사용하고 여분의 영양물질은 저장한다.

② 피하조직은 약 10~15kg의 지방을 저장 할 수 있다.

9 재생 작용

기저층 이하의 상처를 입었을 경우 흉터가 남을수 있지만 그렇지 않은 경우 일정시간이 지나면 자연적으로 피부조직의 복구 능력인 재생작용이 일어난다.

10 면역 작용

피부는 면역을 유지하는 세포들이 외부의 이물질 침입을 막아준다.

3. 피부 부속 기관의 구조 및 생리 기능

1 한선 (Sweat Gland)

① 소한선

일반적으로 말하는 땀샘을 말하며 대한선보다 작아 소한선이라 한다. 전신에 분포되어 있으며, 외부의 온도가 높아지면 모공을 열어 땀을 배출하고, 외부의 온도가 낮아지면 모공을 닫아 체내의 열이 외부로 나가지 못하도록 체온조절의 역할을 한다. 입술과 음부를 제외한 전신에 분포하며, 특히 손바닥과 발바닥에 가장 많다.

② 대한선

소한선보다 크고 진피의 깊숙한 곳에서 시작되므로 단백질이 많은 진한 땀을 배출한다. 대한선의 땀은 소한선처럼 피부에 직접적으로 분비되지 않고 모낭과 연결되어 모낭의 도관을 타고 배출한다. 귀 언저리, 겨드랑이, 배꼽주위, 젖꼭지, 사타구니에 주로 분포하며 소한선에 비해 특유한 냄새를 갖고 있어 체취선이라고도 한다.

2 피지선 (Sebaceous Gland)

① 피부 표면에 지질을 분비하는 부속기관으로 모공을 통해 피지가 배출된다.

② 손·발바닥을 제외한 전신에 분포되어 있으며 얼굴, 가슴, 목 부위 등에 많이 존재한다. 가장 밀도가 높은 곳은 곳은 얼굴의 T-zone부위와 두피이다.

③ 피지선의 대부분은 모낭과 연결되어 있으나 유두, 입술, 구강, 점막, 눈꺼풀, 외음부와 같은 얇은 점막에는 피지선이 직접 피부와 연결되어 분비되므로 독립피지선(Freesebaceous Gland)이라고 한다.

3 손 · 발톱 (Nail)

① 표피성 반투명한 케라틴 단백질의 각질 세포로 구성되어 있다.

② 정상인은 하루에 0.1mm정도 자라며 손톱 조체의 완전한 교체는 4~6개월 소요가 되고, 발톱은 6~8개월 소요된다.

③ 비타민이나 미네랄 등의 결핍현상시 영향을 받고, 인체의 어느 한 부분이라도 이상이 생기면 손톱이 불완전한 성장을 하여 비정상적이 된다.

4 모, 털 (Body Hair)

① 피부표면을 보호하며 손·발바닥, 입술, 눈꺼풀을 제외한 전신에 존재한다.

❷ 체온을 유지하고 유해물질의 침입을 막고 피지 및 노폐물을 배출하는 역할을 한다.

❸ 모근

피부 속에 박혀 있는 부분으로 모낭, 모구, 모유두 등으로 구성되어 있다.

❹ 모간

피부 표면에 나와 있는 부분으로 모표피, 모피질, 모수질, 입모근 등으로 구성되어 있다.

❺ 털은 발생기 → 성장기(3~10년) → 퇴행기(3~4주) → 휴지기(3~4개월) → 탈모기의 생장 주기를 갖는다.

모의 구조

제2장 피부유형 분석

1. 정상피부 (Normal Skin)

1 정상피부의 성상과 특징

❶ 유·수분의 균형이 잘 맞으며, 피부 결이 곱고 부드러우며 윤기가 있는 이상적인 피부이다.

❷ 세안 후 당김이 없고 주름이 거의 보이지 않는다.

❸ 표피의 두께도 적당하고 혈색이 좋다.

❹ 피지선과 한선의 기능이 정상적이다.

❺ T-zone 주변에 약간의 모공 외에는 거의 보이지 않고 화장이 오래 지속된다.

2 관리 방안

규칙적인 피부 관리를 통해 피부의 유·수분 밸런스를 유지하는데 중점을 두고 연령이나 계절에 따른 관리를 지속적으로 해준다.

2. 건성피부 (Dry Skin)

1 건성피부의 성상과 특징

❶ 유·수분의 부족으로 피부가 거칠고 윤기가 없으며, 트거나 갈라지고 각질이 일어난다.

❷ 눈가에 잔주름이 많고 화장이 들뜬다.

❸ 세안 후 피부의 당김 현상이 심하다.

❹ 바람, 햇빛, 계절의 변화에 민감하고, 물리적 자극에도 민감한 반응을 보인다.

❺ 주름이 생기기 쉽고 피부에 탄력이 부족하다.

2 관리 방안

❶ 주기적인 각질제거를 해준다.

❷ 마사지와 팩을 자주하고, 유·수분의 지방성 크림의 화장품을 사용해 준다.

③ 수분결핍 건성피부와 유분 결핍 건성피부, 유·수분 결핍 건성피부로 구분되므로, 타입에 맞는 화장품을 선택하여 관리해 준다.

3. 지성피부 (Oily Skin)

1 지성피부의 성상과 특징

① 피지선의 분비가 왕성하여 모공이 넓고 번들거린다.

② 각질이 두꺼우며 관리가 안 되면 깊은 주름이 생기기 쉽다.

③ 모공이 크고 과다 분비된 피지에 의해 화장이 쉽게 지워진다.

④ 피지선과 한선의 증가로 여드름이 생기기 쉽고 코에 블랙헤드가 생기고 피부 트러블을 유발한다.

⑤ 사춘기 청소년들에게서 많이 볼수 있으며 다른 피부에 비해 노화가 덜 오거나 늦어질 수 있다.

2 관리 방안

① 세안을 자주하고 유·수분의 밸런스를 맞추는 관리가 필요하다.

② 바니싱 크림이나 수렴화장수를 사용하여 모공수축 관리를 해 주어야 한다.

③ 비타민 B_6, 야채, 과일을 섭취하고, 충분한 수면을 한다.

4. 민감성피부 (Sensitive Skin)

1 민감성피부의 성상과 특징

① 피부 결이 얇고 외부 자극에 민감하고 쉽게 반응한다.

② 피부가 얇아 투명하게 보이며, 모세혈관이 피부표면에 드러나 보인다.

③ 건조해지기 쉬우며 각질층이 얇아 보호기능이 떨어진다.

④ 피부가 잘 달아오르며, 색소침착이 잘 일어난다.

⑤ 내분비 기능 이상, 심리적, 정신적 요인과 밀접한 관계가 있고, 환경변화, 화장품, 화학적 반응에도 예민하게 반응한다.

2 관리 방안

① 마사지는 약하게, 영양이 많은 화장품을 사용한다.

② 칼슘, 비타민 A, B, C를 잘 섭취한다.

③ 보습과 피부진정, 최소한의 자극으로 면역을 강화시킨다.

❹ 강알카리성 비누나 알코올 함량이 많은 화장수는 피하도록 한다.

5. 복합성피부 (Comgination Skin)

1 복합성피부의 성상과 특징

❶ 여러 가지 피부타입이 나타나는 피부로, T-zone 부위는 모공이 넓고 피지가 많은 지성이고, U-zone 부위는 건조하고 당기는 경우가 많다.

❷ 기후 변화에 쉽게 균형을 잃어버리면 눈과 입가가 건조하고 당김이 심해진다.

❸ 화장이 고르게 잘 받지 않고 광대뼈 부분에 기미가 나타나는 경우가 많다.

2 관리 방안

❶ 부위의 특성에 맞게 화장품을 분리해서 사용하고, 피부에 트러블이 유발되지 않도록 화장품 성분을 주의하여 선택한다.

❷ T-zone 부위는 청결위주로 철저히 관리하고, U-zone 부위는 수분과 영양분을 공급하는 관리를 해 준다.

❸ 기초 화장품은 복합성으로 색소침착의 방지를 위해 자외선 차단제도 꼼꼼히 바른다.

6. 노화피부 (Aging Skin)

1 노화피부의 성상과 특징

❶ 수분과 탄력섬유 감소로 피부가 건조, 신축성 감소, 굵은 주름이 생성된다.

❷ 멜라닌 세포의 기능약화로 피부 톤이 칙칙하며 과색소 침착(기미, 잡티, 주근깨)등이 많이 나타난다.

❸ 전반적으로 모든 세포의 수가 감소하여 피부색이 누렇고 칙칙하며 윤기가 떨어지고 탄력이 저하된다.

❹ 피지샘과 땀샘의 기능이 저하된다.

2 관리 방안

❶ 비타민 A, E를 섭취한다.

❷ 콜라겐, 엘라스틴이 포함된 보습, 재생, 고농축 영양 크림으로 관리한다.

❸ 주 1회 이상 팩 관리 한다.

❹ 운동과 순환관리, 수분과 영양공급을 잘 해준다.

제3장 피부와 영양

피부와 영양은 밀접한 관계로 평소 식품과 여러 가지 음식물의 영양소를 섭취하여 몸의 기능을 유지, 증진 시켜야 한다. 영양을 고르게 섭취하고 영양소가 제대로 전달되어야 피부, 네일, 뼈, 조직등이 건강해질 수 있다 영양소란 생명을 유지하고 신체의 원활한 기능을 수행하기 위해 필요한 화합물 중에 체내에서 합성할 수 없거나 불충분한 양은 식품으로부터 섭취해야 하는 물질들이다.

영 양 소	종 류
3대 영양소	탄수화물, 지방, 단백질
5대 영양소	탄수화물, 지방, 단백질, 비타민, 무기질
6대 영양소	탄수화물, 지방, 단백질, 비타민, 무기질, 물
7대 영양소	탄수화물, 지방, 단백질, 비타민, 무기질, 물, 식이섬유

1. 6대 영양소

1 탄수화물 (Carbohydrate, 당질)

❶ 탄소(C), 수소(H), 산소(O)로 이루어진 유기물로 주 에너지원이 된다.

❷ 1g당 4kcal의 에너지를 발생한다.

❸ 탄수화물의 함량이 높으면 살이 찌는 식품으로 인식하나, 신체를 유지하는 에너지의 50~60%를 차지하므로 탄수화물의 섭취가 중요하다.

❹ 단당류 : 포도당, 과당, 갈락토오즈

❺ 이당류 : 자당, 맥아당, 유당

❻ 다당류 : 전분, 호정, 당원질, 섬유소

❼ 식품 : 쌀, 감자, 고구마 등 곡류, 감자류와 과일, 설탕 등

2 단백질 (Protein)

❶ 탄소(C), 수소(H), 산소(O)외에 질소(N), 인(P), 황(S)으로 구성되어 있고 기본단위의 물질은 아미노산이다.

❷ 주로 몸을 구성하는데 사용하며 1g당 4kcal의 에너지원으로 쓰인다.

❸ 체중의 17%정도를 차지한다.

❹ 필수 아미노산은 음식물 섭취로만 얻을 수 있다.

❺ 정상적인 성장과 유지를 위한 필수적인 영양소이며 효소, 항체, 호르몬의 형성을 돕는다.

❻ 식품 : 육류, 어류, 달걀, 우유, 치즈 등

3 지방 (Lipids, 지질)

❶ 지방은 물에 잘 녹지 않으며 탄소(C), 수소(H), 산소(O)의 화합물이고 1g당 9kcal의 에너지를 내는 효율적인 영양소이다.

❷ 체내에서 지방은 직접적인 에너지원으로 쓰일 뿐 아니라 피하조직이나 특정부위에 축적되어 열전달의 절연체 및 충격흡수제로 작용한다.

❸ 비만이나 동맥경화 등의 주요 질환과 관계가 있다.

❹ 피지선 기능의 조절을 통해 피부 보호막을 형성하여 건조를 막고 윤기와 탄력을 준다.

❺ 식품 : 식물성기름(참깨, 들깨, 옥수수유 등), 동물성기름(등푸른 생선, 참치, 꽁치, 닭고기 등)

4 비타민 (Vitamin)

❶ 신체의 성장과 건강유지 및 체내 대사에 광범위하게 관여하는 미량의 영양소이며 대부분 식품을 통해 공급해야 한다.

❷ 지용성 비타민 A, D, E, K : 기름과 유기용매에 용해되고, 체내에 저장된다.

❸ 수용성 비타민 B, C : 물에 용해되고, 체내에 저장되지 않으며 소변으로 배출된다

❹ 비타민 A : 피부의 재생을 돕고 노화를 방지한다.

❺ 비타민 D : 뼈와 치아의 구성에 영향을 미친다.

❻ 비타민 E : 피부의 상처를 치유하고 피부노화방지와 세포 재생을 돕는다.

❼ 비타민 K : 혈액의 응고에 관여하며, 피부염과 습진에 좋은 효과를 보인다.

❽ 비타민 B_1 : 신경을 정상으로 유지하고, 면역력과 상처치유에 효과가 있다.

❾ 비타민 B_2 : 혈액순환을 촉진시키고, 피부의 보습과 탄력, 피부의 염증을 예방한다.

❿ 비타민 B_6 : 헤모글로빈을 생성하고 세포재생에 관여한다.

⓫ 비타민 B_{12} : 빈혈을 방지하고 신경계에 관여한다.

⓬ 비타민 B 복합체 : 비타민 B_1 , B_2 , B_6 , B_{12}를 모두 포함하며 피부의 염증성 질환을 완화시키는 효과가 있다.

⓭ 비타민 C : 채소와 과일에 많이 함유되어 있으며 항산화, 미백에 효과가 있다. 결핍 시에는 피부염, 피로, 탈모 증상을 유발한다.

⓮ 비타민 H : 신진대사 촉진과 염증완화에 효과가 있다.

⓯ 비타민 P : 혈관을 강화시키며, 피부질환에 효과적이다.

5 무기질 (Mineral)

❶ 우리 신체 구성 물질 중 탄소(C), 수소(H), 산소(O), 질소(N)를 제외한 나머지 물질을 미네랄이라고 한다.

❷ 효소나 호르몬 비타민 등을 구성하고 있으며 인체의 여러 가지 생리적 활동에 관여 한다.

❸ 칼슘(Ca), 인(P), 마그네슘(Mg), 나트륨(Na), 칼륨(K), 유황(S), 철(Fe), 요오드(I), 아연(Zn), 구리(Cu), 불소(F)

❹ 근육의 이완과 수축에 관여한다.

6 물 (Water)

❶ 인체의 70%를 차지하는 주요 구성 성분이다.

❷ 혈액의 주요성분으로 영양소와 노폐물을 운반하며 생체대사 물질의 용매로 작용한다.

❸ 신진대사를 원활히 하고 영양분의 소화, 흡수, 배출을 돕니다.

❹ 땀과 소변으로 배출하여 인체의 체온을 조절하는 기능을 한다.

❺ 수분이 부족하면 피부의 탄력저하와 주름이 발생한다.

2. 피부와 영양

1 영양 섭취

❶ 복합 당질인 곡류를 주식으로 한 식사를 규칙적으로 한다.

❷ 당질의 섭취를 1일 최소 100g 이상 섭취한다.

❸ 저지방 단백질 식품을 꾸준히 섭취한다.

❹ 지방섭취는 총열량 섭취의 20~25%를 넘지 않게 한다.

❺ 비타민, 칼슘, 철 등 무기질의 섭취에 균형을 준다.

❻ 1일 1리터 이상의 수분을 섭취하도록 한다.

2 영양 결핍이 피부에 미치는 영향

❶ 콜라겐과 엘라스틴의 약화로 탄력이 저하된다.

❷ 지방층이 얇아지면서 완충작용이 저하된다.

❸ 피부가 늘어지고 잔주름이 생긴다.

❹ 커피, 매운 음식, 기름진 음식 등 자극적인 음식은 여드름을 유발하고 색소 침착을 유발한다.

❺ 과식과 소식 등 불규칙적인 식사는 피부탄력 저하, 트러블을 유발한다.

3. 체형과 영양

1 비만 관리

❶ 세계보건기구 (WHO)는 1996년 5월, 비만을 독립적인 관리가 필요한 질환으로 분류하였다.

❷ 비만의 피해를 용모손상 (Disfigurement), 불편 (Discomfort), 무능 (Disagility), 질병 (Disease), 사망 (Death)의 5Ds로 나타내어 경계하고 있다.

❸ 비만은 심장질환, 고혈압, 동맥경화, 고지혈증, 지방성간, 불임증, 각종 암 등을 유발시키는 주된 원인으로 보고 있으며, 사망률 증가의 결정적 요소이다.

2 아름다운 체형과 영양

❶ 체형은 식생활습관과 문화, 유전적 요인, 운동 여부나 습관에 따라 개인차가 있고 변화의 차이가 있다.

❷ 외부의 음식을 섭취하여 체내 대사를 일으켜 생체에 필요한 영양분을 흡수하여 건강을 유지하고 노폐물은 체외로 배출하여 체온유지, 생식활동을 한다.

❸ 식이요법과 운동요법을 병행하여 건강을 유지하고 체형을 아름답게 한다.

❹ 유산소 운동을 하루 30분 이상, 주 3회 이상 실시하도록 한다.

❺ 건강한 아름다움을 가지기 위해서는 바른 식생활 습관과 균일한 영양섭취를 하고 자기 스스로 스트레스를 이겨내려는 정신력을 기르도록 한다.

제4장 피부장애와 질환

1. 원발진과 속발진

1 원발진

1. 원발진이란 건강한 피부에서 오는 피부 질환의 초기 상태의 병변으로 2차 발병이 없는 것을 말한다.
2. 반점 : 피부 색조의 변화로 주변 부위와 경계가 있는 색이 다른 반점을 말한다. 주근깨, 기미, 백반, 홍반, 작은 점 등이다.
3. 면포(여드름 1단계) : 죽은 각질이나 피지덩어리가 뭉쳐 있는 현상이다.
4. 구진(여드름 2단계): 직경 1cm 미만의 속이 단단하고 볼록 나온 융기이며 경미한 염증 증세를 보이므로 붉게 보인다. 염증성 여드름, 사마귀, 뾰루지 등이 있다.
5. 농포(여드름 3단계) : 고름이 들어 있는 발진이다. 화농성 여드름으로 육안으로 보인다.
6. 결절(여드름 4단계) : 만져보면 통증이 있고, 구진보다 크며 흉터가 남는다.
7. 종양 : 직경이 2cm 이상의 이상세포가 과잉으로 커져 생긴 혹이다. 다른 곳으로 전이가 되는 것을 악성종양이라 하고, 전이 되지 않고 성장의 한계가 있는 것을 양성종양이라 한다.
8. 소수포 : 수두나 대상포진 등을 말하고 표피 내 맑은 액체(체액, 혈장 등)가 있으며, 자연적으로 터지기도 하고 대수포로 발전하기도 한다.
9. 대수포 : 소수포보다 크고 잘 관리하지 않으면 흉터를 남긴다.

2 속발진

1. 원발진에서 진전된 것으로 피부질환의 2차적인 증상으로 변화된 병변이다.
2. 인설(비듬) : 피부 각질이 하얗게 떨어져 나가는 현상이다.
3. 미란 : 수포가 터진 후 떨어져 나간 표피이며, 출혈이 없으며 흉터가 남지 않는다.
4. 찰상 : 피부의 물리적 자극에 의하여 생긴 찰과상이다. 표피가 벗겨지는 증상이며 흉터없이 치료된다.
5. 가피 : 혈장이나 림프액 등이 말라 붙은 증상이며 세균과 표피의 부스러기로 흔히 부스럼 딱지를 말한다.
6. 태선화 : 만성적인 자극으로 표피층이 나무껍질처럼 두꺼워지는 것을 말한다. 아토피와 같은 소양성 피부질환에서 흔히 볼 수 있다.

2. 피부질환

1 습진성 피부질환

① 접촉성 피부염 : 습진, 피부염이라 하며 내인성 혹은 외인성 인자에 의해 발병된다.

② 원발성 자극 피부염 : 자극성 물질이 반복적으로 피부자극을 주어 나타난다. 주부습진, 기저귀 피부염 등이 있다.

③ 알레르기성 접촉 피부염 : 과민성 반응에 의해 나타나며 접촉 부위에 미세수포와 소양증이 나타난다.

④ 광독성 피부염 : 체내에 흡수된 어떤 물질이 태양광선의 영향을 받아 나타난다.

⑤ 지루성 피부염 : 피지선 활동이 증가한 부위에 세균감염으로 발병된다.

⑥ 아토피 피부염 : 보통 건조한 피부를 가지고 있으며 가려움증, 발진의 순환이며 재발성 피부염이다.

2 감염성 피부질환

① 세균성 피부질환 : 모낭염, 농가진, 봉소염 등이 있다.

② 바이러스성 피부질환 : 단순포진, 대상포진, 사마귀, 수두 등이 있다.

③ 진균성 피부질환 : 족부백선(무좀), 두부백선, 조갑백선, 완선, 칸디다증 등이 있다.

3. 여드름

1 여드름 발생의 원인과 특징

① 남성 호르몬인 테스토스테론 증가로 피지선을 자극하여 피지의 과다분비로 유발된다.

② 피지선 출구의 이상 각화로 피지선이 막히고 피지 배출이 어려워 나타난다.

③ 세정 불순으로 인한 피지선이 막히는 현상으로 나타난다.

2 여드름의 종류와 형태

① 염증 전 단계로 피지와 각질이 덩어리가 되어 모공을 막은 화이트헤드와 피지와 각질의 덩어리가 피부 밖으로 밀려와 공기와 접촉하여 산화된 블랙헤드가 있다.

② 염증단계는 세균 감염으로 인해 모낭이 파열되어 염증이 생기는 구진, 농포, 낭포가 있다.

제5장 피부노화

1. 피부노화의 원인

1 내인성 노화

① 세월의 흐름과 함께 누구에게나 일어나는 현상으로 잔주름, 피부 건조증, 탄력감소이다.

② 유전과 연령에 따라 콜라겐과 엘라스틴 등의 세포감소로 인해 면역기능 저하, 혈액순환 저하, 소화기능장애 등으로 피부가 노화된다.

2 외인성 노화

① 환경적인 요소에 의한 것으로 외적인 인자에 의해 내인성 노화가 가속화 된다.

② 자외선 노출에 의한 광노화, 스트레스, 흡연, 음주, 생활습관, 추위, 환경오염, 중력, 반복적인 표정근육 사용 등으로 굵고 깊은 주름, 건조, 색소침착, 탄력성 감소가 된다.

2. 피부노화 현상

1 자연노화의 결과

① 표피의 변화 : 표피의 두께가 전체적으로 얇아지고 피부조직이 고르지 못하며 피부건조로 인한 주름이 형성된다.

② 진피의 변화 : 콜라겐, 엘라스틴 섬유 생성의 감소로 탄력이 저하되고 늘어짐 현상이 일어난다. 진피의 두께는 감소하고 피지선, 한선 기능의 저하로 피부건조가 심해진다.

2 광노화의 결과

① 표피의 변화 : 표피가 거칠고 두꺼워진다. 멜라노사이트의 감소와 분포의 이상으로 과색소 또는 저색소 침착이 일어난다.

② 진피의 변화 : 엘라스틴 섬유의 이상증식으로 탄력이 떨어진다. 콜라겐이 급속히 감소하여 주름이 발생한다. 광선에 의한 각화현상이나 피부암 등이 발생할 수도 있다.

3 피부노화 방지 성분

① 알파 하이드록시 산 (Alpha Hydroxy Acid) : AHA는 각질세포의 탈락을 촉진시켜 세포증식을 증가시키고 각질교체율을 증가시켜 정상적인 피부처럼 유연효과를 줄수 있고 세포활성 증가

로 주름을 감소시킨다.

❷ 항산화제 : 대사과정 중 생성되는 활성산소를 억제하는 항산화제로는 카로틴, 비타민 E, 비타민 C, SOD (Superoxide Dismutase), 녹차추출물 등이 있다.

❸ 레티노이드 : 비타민 A의 유도체인 레티날, 레틴산등으로 일컬어지며 상피세포의 성장과 분화에 중요한 역할을 한다. 진피내 콜라겐 양을 증가시켜 미세주름을 없애고 히아루론산 등의 증가를 가져와 피부의 보습력을 높인다.

❹ 천연보습인자와 세라마이드 : 세라마이드 성분은 각질 세포 지질의 40~50%를 차지하는 성분으로 피부의 수분증발을 막는다.

CHAPTER 3

소독과 위생

제1장 세균학

1. 세균 (Bacteria)

세균은 단세포로 된 미세한 생물을 일컫는다. 세균이 미생물로 분류되는 이유는 그 크기가 작기 때문에 육안으로는 식별되지 않기 때문이다.

세균은 어디든지 존재할 수 있다. 땅 위나 땅 속에도 존재하며 물속에서도 존재한다. 인체에도 많은 세균이 존재하는데 특히 구강과 장에서는 소화를 돕는 역할을 한다.

박테리아는 크게 병원성과 비병원성으로 구분되며 그 종류는 약 1200여 종에 달한다. 병원성 박테리아는 질병을 유발하는 것으로 인체나 동·식물에 유해한 박테리아이다. 이들은 쉽게 번식하고 독소를 발생시켜 질병과 감염을 유발하게 된다. 살롱과 학교의 위생기준이 법적으로 제한되는 이유 또한 이들 병원성 미생물에 대한 통제를 위한 것이다. 하지만 비병원성 박테리아는 인체에 무해한 것으로 일부는 유익한 것도 있다. 박테리아의 70%정도는 비 병원성이다.

2. 세균의 분류

박테리아는 크게 인체에 무해한 비병원성 박테리아와 인체에 유해한 병원성 박테리아로 분류된다.

1 미생물

미생물은 육안으로 관찰할 수 없는 미세한 생물체를 말한다. 미생물에는 세균(박테리아), 바이러스, 진균(곰팡이, 효모, 버섯류), 사상균 등이 있다.

1) 박테리아 (Bacteria)

(1) 박테리아의 정의와 종류

한 개의 세포로 이루어진 미생물로 단 1g의 체적 안에 수십 억 마리의 박테리아가 들어 있는 경우도 있다. 만 여종의 박테리아가 지구상의 거의 모든 곳에 존재함 조건이 맞는 경우 엄청난 속도로 번식한다. 단 한 개의 박테리아 세포가 12시간 사이에 1600만 마리로 늘어날 정도로 번식력이 강하다. 박테리아는 지상 뿐 아니라 공중, 수중에서도 발견되며 음식물, 인체, 사물 등 사람이 활동하는 공간에 수 없이 많이 존재한다. 이렇게 많은 박테리아지만 그것들이 모두 유해한 것은 아니다. 박테리아는 질병의 원인이 되느냐, 되지 않느냐에 따라 두 가지로 구분된다.

❶ 비병원 박테리아 (무해한 박테리아)

박테리아의 70% 정도가 비병원성 박테리아로서 물질을 부패시키거나 분해시키는 기능이 있다. 이들은 생물에 기생하면서 그것을 썩게 한다. 정상적인 상태에서 비병원성 박테리아는 음식물을 삭히거나 산소를 공급하는데 도움을 줄 뿐 질병을 야기하지는 않는다. 동물이나 사람의 입안과 장기 속에 많이 있으며, 음식물을 분해시켜 소화작용을 돕는 역할을 한다.

❷ 병원성 박테리아 (유해한 박테리아)

병원성 박테리아의 종류는 많지 않지만 물이나 동물의 조직에 침입하여 질병을 유발한다. 병원성 박테리아는 생존과 번식을 위해 생명체에 기생하기 때문에 인간의 감염과 질병의 주된 원인으로 여겨지고 있다. 이러한 이유로 병원체 박테리아를 보통 세균이라고 한다.

(2) 박테리아의 형태 및 배열

❶ 구균 (Cocci, 콕싸이)

원형 또는 타원형의 박테리아로 단독 또는 집단을 이루며 서식하며 고름을 생성하는 것이 특징이다. 구균이 2개씩 짝을 짓고 있는 경우를 쌍구균(diplococci)이라 하며, 폐렴을 유발시키는 균이다. 포도구상구균(staphyococci)은 여러 개의 구균이 마치 포도송이처럼 무리지어 있으며 기생부위에 종기, 농포, 부스럼, 고름이 생기게 한다. 구균이 진주목걸이 모양으로 증식 할 경우 연쇄상구균(streptococci)이라 하며, 이 균이 기생하는 부위에 염증과 고름이 생긴다.

❷ 간균 (Bacilli, 바실리)

막대 모양의 병원체로서 파상풍이나 유행성 감기, 장티푸스, 결핵, 디프테리아, 탄저병과 같은 질병을 유발하는 매우 흔한 박테리아 유형이다.

❸ 나선균 (Spirilla, 스피리라)

S자 모양의 나선형 또는 콜크스큐류 모양의 박테리아로서 몇 개가 집단을 이루기도 한다. 매독을 일으키는 세균도 나선균의 일종으로 트포네마포리타이다.

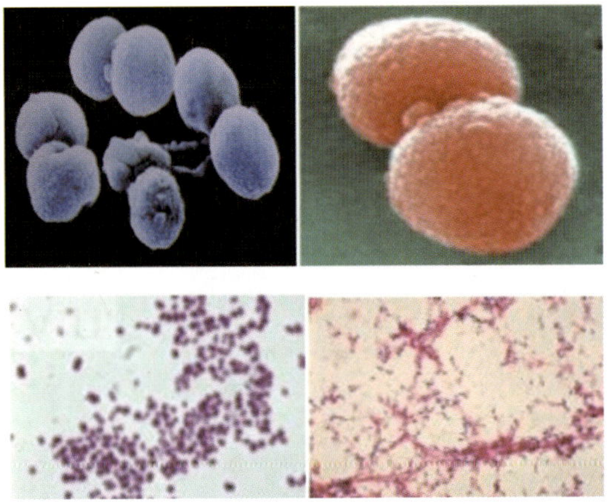

[그림 1] 구균
(출처: http://cafe.naver.com/lcthospital/1196)

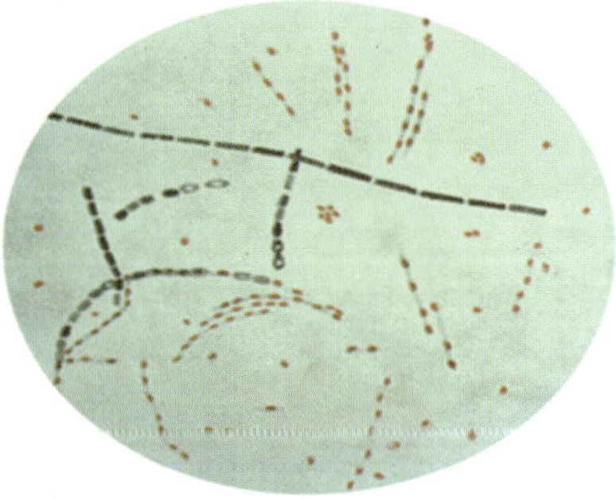

[그림 2] 간균
(출처: http://blog.naver.com/kchwoo9?Redirect=Log&logNo=50132613209)

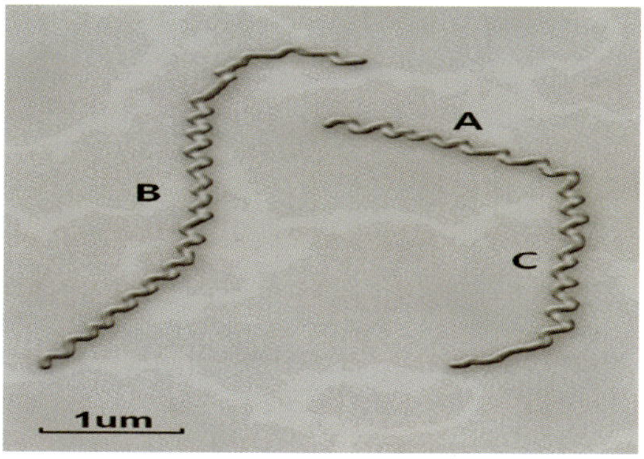

[그림 3] 나선균
[출처: http://blog.naver.com/bjgim21?Redirect=Log&logNo=130155379871]

(3) 박테리아의 성장과 번식

박테리아는 주로 따뜻하고 축축하며 어두운 곳에서 성장하고 번식한다. 네일 테이블 서랍 속의 위생처리가 안 된 소도구는 박테리아가 번식하기에 아주 좋은 곳이라 할 수 있다. 박테리아는 영양을 섭취함에 따라 일정한 크기로 성장하게 되며, 완전히 성장하면 똑같은 2개의 세포로 나누어진다. 2개로 분열된 세포는 다시 성장, 분열과정을 거쳐 4개, 8개, 16개 식으로 증식되는데, 이러한 세포 분열을 유사 분열 (mitosis)이라고 한다.

주위 환경이 성장과 번식에 바람직하지 못한 경우, 박테리아는 포자라고 하는 딱딱한 껍데기를 만들어 휴지기 상태로 들어간다. 박테리아 포자는 먼지와 함께 공기 중에 떠다니는데, 살균제나 열 또는 추위에도 쉽게 파괴되지 않는다. 그러다가 성장에 적합한 환경을 만나게 되면, 휴지기를 벗어나 성장과 증식 활동을 다시 시작하게 된다.

- 박테리아의 성장조건 - 온도, 습도, 영양소, 산소, pH(수소이온농도)

녹색 박테리아

녹색 박테리아 감염은 위생상태가 좋지 못한 네일 바디에 자리 잡은 박테리아가 네일 바디와 부착물 사이를 온상으로 삼아 성장, 번식하며 감염을 유발한 것이다. 박테리아 감염의 증상은 처음에는 녹황색으로 나타나지만, 감염이 심해짐에 따라 검게 변하게 된다. 이러한 녹색 변색은 박테리아의 분비물에 의한 것으로 박테리아가 없어진 후에도 오랫동안 남게 된다. 감염 된지 오래된 손톱은 까맣게 변색될 뿐 아니라 냄새가 나게 된다. 감염된 고객에게는 시술하지 말고 빨리 치료받도록 권해야 한다. 치료를 받으면 빠른 시간 내에 완치될 수 있다.

2) 바이러스 (Virus)

바이러스는 반드시 살아있는 세포 안에서만 생존하고 증식하며, 때로는 세포를 파괴시키면서 다른 세포로 확산된다. 바이러스는 핵산의 복제에 의한 자가 증식을 한다. 바이러스는 가장 작은 균이기 때문에 전자현미경으로만 관찰 할 수 있으며, 세균 여과기의 필터를 통과할 수 있으므로 비 여과성 유기체라고도 한다.

바이러스성 질병에는 단순 포진 (herpes simplex), 대상 포진 (herpes zoster), 홍역, 유행성 독감 (influuenza), 유행성 이하선염 (mumps), 수두, 무균성 수막염, 간염 등이 있다. 일반적인 감기도 바이러스성 감염으로, 이 바이러스에 감염된 사람이 재채기를 하든지 기침을 해도 퍼져 나가는 전염성이 아주 강한 바이러스이다.

가장 치명적인 바이러스는 후천성 면역결핍증(AIDS)을 일으키는 인체면역결핍 바이러스 (human immunodificiency virus)이다. 이 바이러스는 인체에 침입하여 면역 조직을 파괴하여 면역력을 마비시켜 합병증을 유발하기도 하는데, 잠복기가 길게는 10년을 넘길 수도 있으며, 발병하면 카포시 육종과 각종 면역질환으로 치사율이 매우 높다.

3) 진균 (Fungus)

진균이라 함은 넓은 의미로 보아 모든 종류의 진균 (fungus)과 사상균 (mole)을 포함하는 단순 기생물을 말한다.

진균은 형태 별로 곰팡이, 효모, 버섯류로 나누어지고 박테리아보다 훨씬 큰 진핵세포로 구성되어 있으며, 매우 다양한 방식으로 증식한다.

좁은 의미의 진균은 구형 또는 원통형인데 반해 사상균은 가늘고 긴 실 모양을 하고 있다. 효모와 같은 진균은 발효식품에 이용되고 있으며, 질병을 유발하는 진균으로 대표적인 것이 피부사상균과 칸디다균이다. 손톱의 경우 피부사상균은 동물이나 환자에게서 주로 감염되는데 케라틴 조직에 기생하여 질환을 유발하고, 칸디다균은 손톱 주변 피부조직에 침투하여 염증을 일으킨 후 손톱으로 이동한다. 이러한 균들은 고객의 손톱에서 손톱으로 또는 고객의 손톱에서 네일 아티스트에게 옮겨다닐 수 있으므로 주의하여야 한다.

(1) 진균, 곰팡이 (Fungus)

네일 바디 바로 밑 부분에 흰색으로 또는 변색되어 나타난다. 조갑 진균은 큐티클 쪽으로 퍼져나가며 증상이 진전됨에 따라 감염된 부위가 검게 또는 어두운 색으로 변색된다. 진균은 손과 발 그리고 손톱에 영향을 미치므로 이러한 고객에게는 의사와 상담하도록 권해야 한다.

(2) 사상균 (Mold)

휭거스와 같은 상태로 위생처리가 되지 않은 자연 네일이나 상품화된 제품 즉 팁, 랩, 젤 혹은 아크릴 네일에 습기가 남아있을 때 발생된다. 네일 몰드는 처음엔 황록색반점으로 나타나므로 일찍 발견할 수 있고 심해지면 점점 검게 나타난다. 이것에 감염되어 일정기간 지나면 퇴색된 곳이 아주 까맣게 되고 네일은 약해지며 나쁜 냄새가 난다. 이런 경우의 네일은 떨어져 나간다.

4) 기생충 (Parasite)

다세포의 동물성 혹은 식물성 기생균이다. 살아있는 생명체에 들어가 기생하면서 그 주체에는 아무런 이익을 주지 못한다. 예를 들면 식물성 페라싸이트의 감염은 버짐이다. 옴이나 이 등의 동물성 페라싸이트는 전염병을 발생시킨다.

5) 리케치아 (Rickettsia)

박테리아보다는 훨씬 작고 바이러스보다는 큰 조직이다. 발진티푸스와 록키산 반점 열병을 발생시킨다. 벼룩, 진드기, 이 등이 리케치아를 전파시킨다.

2 감염

감염은 체내 조직에 박테리아나 바이러스, 진균과 같은 발병 원인이 되는 미생물이 침입하는 것을 말한다. 이 미생물들은 체내의 조직에 서식하면서 성장하고 번식함으로써 조직에 손상을 입힌다.

초기 국면의 감염은 보통 국부적으로 나타나며, 침입한 미생물이 혈로를 따라 온 몸에 퍼지는 것을 전체 감염이라 한다.

1) 감염에 대한 면역

모든 생명체는 감염에 대한 방어력과 면역성이 있다. 면역성이란 체내에 침입한 병원균을 파괴할 수 있는 체내의 능력을 말한다. 질병에 대한 면역성이 있다는 것은 건강하다는 증거이고, 면역성은 자연적으로 생길 수도 있고 인위적으로도 얻을 수 있다.

(1) 자연 면역체계 (방어력)

평상시 건강한 신체는 병원균의 침입을 막고 침입한 병원균이 질병을 일으키기 전에 이를 제압하는 힘이 있다. 인간의 정상적인 피부에는 병원균으로부터 인체를 보호하는 층이 있고, 인체기관은 땀과 소화액을 분비하는 질병을 유발하는 병원균들의 성장과 활동을 저지시킨다. 또한 인간의 혈액 속에는 백혈구와 항독소가 있어서, 이것들이 균을 죽이고 또 이들이 발생시키는 독소에 대항한다.

(2) 면역성

❶ 자연적으로 얻어지는 면역성

병마를 극복한 사람의 혈액 속에는 단백질의 미분자와 같은 항체가 남아있어, 같은 질병을 발생시키는 병원균이 다시 침투할 경우에 대비한다.

❷ 인위적으로 얻어지는 면역성

이 면역성은 질병을 일으키는 병원균이 포함된 소량의 혈청을 인체에 투입하여 이 병원균에 대항하는 체내 항체를 인위적으로 증가시켜 얻는 면역성이다. 종두 백신 주사가 대표적인 예이다.

2) 감염 경로

대부분의 박테리아와 바이러스, 진균 그리고 다른 질병을 일으키는 균들은 코와 입, 눈과 귀, 피부에 난 상처 등을 통하여 체내로 들어오게 된다. 살롱 안에도 육안으로 보이지 않는 이런 균들이 있으므로 네일 아티스트는 예방차원에서 주위를 기울여야 한다. 네일 샵에서의 일반적인 전염 경로는 다음과 같다.

(1) 오염된 매니큐어 도구와 기구

박테리아와 다른 종류의 균들은 더러운 네일 파일이나 큐티클 니퍼, 매니큐어 테이블, 수건 등에 착상하여 서식하고 아주 빠른 속도로 번식한다.

가령, 큐티클 정리 시술시 출혈이 있었을 경우 완전히 소독하지 않은 상태에서 다른 고객에게 시술하다가 출혈을 일으켰을 경우 감염의 우려가 있을 수 있다.

(2) 고객의 네일, 손, 발

고객의 신체에도 세균들이 있다. 네일 아티스트는 고객의 신체와 접촉할 수 밖에 없기 때문에 고객이 보유한 세균에 감염될 여지가 없지 않다.

(3) 상처나 헐은 부위

병원균은 상처가 난 곳을 통하여 한 사람으로부터 다른 사람에게 쉽게 옮겨간다.

(4) 입과 코, 눈을 통한 감염

네일 샵 안에 있는 모든 것 즉 의자, 테이블, 수건, 병, 브러쉬 등에도 세균이 많이 묻어 있다. 화장실 물건들 특히 문의 손잡이에 균이 많이 묻어 있다.

3) 감염에 대한 예방과 대책

네일 아티스트는 자신과 동료, 고객들을 감염으로부터 보호해야 할 의무가 있다. 지켜야 할 절차는 다음과 같다.

(1) 필요한 위생 절차를 알아야 하고 이를 준수하라

네일 아티스트는 위생처리 절차에 대한 기본 지식을 습득하고 이를 철저하게 이행해야 할 책임이 있다. 인조 네일 시술을 할 때 위생 처리절차를 임의로 생략하거나 줄여서는 안 된다. 네일 샵의 위생에 관련된 법령이 공중위생법에 있으므로 이에 의거해야 한다.

그러나 법적인 구속력과 별개로 관리실의 청결 상태는 관리사와 고객의 안전 뿐 아니라 관리실의 이미지 관리에도 중요한 영향을 미치므로 절대 소홀히 해서는 안 된다.

(2) 전염 가능성이 있는 조건에서는 작업하지 말아라

고객이 보균 상태이거나 감염되어 있을 때는 시술을 하지 말아야 한다. 예를 들어, 심한 감기나 수두에 걸려 있는 사람에게 시술해서는 안 된다. 네일 아티스트가 보균상태라면 더더욱 시술해서는 안 되고 원인 제거에 주력해야 한다.

(3) 상처가 있는 고객에게 시술하지 말아라

상처가 있는 고객은 감염 위험성이 높으므로 시술을 피하고 치료를 받도록 권해야 한다.

(4) 상처를 내지 말아라

시술을 할 때는 고도의 주의를 기울여야 한다. 고객의 큐티클을 지나치게 짧게 자르거나 너무 깊이 화일링을 할 때 고객의 피부를 손상시키기 쉬우므로 특히 조심해야 한다.

(5) 감염된 고객에게 치료를 권하라

진균이나 녹색 박테리아에 감염된 고객의 경우 시술하지 말고 빨리 치료받도록 권해야 한다. 치료가 지연되는 경우 손톱이 변형될 수 있는 반면, 치료를 받으면 단 시간 내에 완치될 수 있다. 감염된 고객이 인조 손톱이나 기타 부착물을 제거하기 원하면 제거 작업을 실시하는데, 제거 작업 중에는 반드시 장갑을 껴야 하며, 인조 네일을 제거한 후 오렌지 우드 스틱이나 기타 그 작업에 사용된 제품들은 즉시 소독, 멸균하거나 폐기해야 한다. 작업 전과 작업 후 모든 소도구를 완전 위생 처리하여야 한다.

❶ 위생 (Hygiene)

주변 환경과 신체를 청결하게 유지하기 위해 예방차원에서 이물질들을 제거하는 것을 말한다. 위생은 가장 낮은 단계의 이물질 제거작업으로 물체 표면의 병원균 수를 상당히 줄일 수 있다.

❷ 소독 (Disinfection)

사람에게 유해한 미생물을 파괴시켜 감염의 위험성을 제거하는 비교적 약한 살균작용으로 세균의 포자까지는 파괴하지 못하나 감염을 막는 효과는 상대적으로 우수한 방법이다. 보통 소독은 무생물을 대상으로 하는 용어인 반면에 생명체에 대해서는 항균 (antiseptics)이라는 용어를 사용한다.

제2장 소독

1. 살균

생활력을 가지고 있는 미생물을 여러 가지 물리적, 화학적 작용을 이용해 신속하게 죽이는 것을 말한다. 살균제나 항균제를 사용하기 전에 대상을 세제로 깨끗이 닦고 물로 행구는 것이 중요하다. 그 다음에 살균 또는 항균 용액에 담근다. 세제와 물로 닦아내는 과정에서 대부분의 세균이 제거되고, 남아있는 세균을 산균제와 항균제가 제거하게 된다.

2. 소독의 개념 및 방법

소독 (disinfection)은 물리적 · 화학적 방법으로 병원성 및 비 병원성 미생물과 진균 등 모든 균을 완전히 사멸시키는 것이다. '멸균' 또는 '살균'이라고 하는 것은 병원균이거나 아니거나 아포를 만드는 균을 포함한 모든 미생물을 전부 죽이는 것을 말한다. 따라서 소독에서는 비 병원성균이 살아 남아 있을 수는 있으나 멸균, 살균의 방법에서는 모든 세균이 완전히 죽어 무균 상태가 된다.

1) 물리적 살균법

물리적 살균법은 비용과 공간면에서 많은 부담이 있고, 효율성이 떨어지므로 보편적으로 사용되지 못하는 경우가 많다.

(1) 자외선

자외선 중 260~280mm의 파장이 가장 살균력이 강하며, 기구와 장비들을 먼저 비누와 물로 깨끗이 씻은 후 자외선 살균소독기에 넣어 20분간 소독하는 방법이다. 전통적인 방법으로 햇빛에 소독을 할 수 도 있지만, 이 경우 자외선의 침투력이 약해서 햇빛에 직접 닿지 않는 부분은 살균이 잘 되지 않는다. 박테리아는 2~3시간 정도 자외선에 노출되어도 죽거나 약해진다. 자외선은 사람의 눈에는 해로우므로 노출되지 않도록 한다. 현재 네일 살롱에서 가장 보편적으로 사용되어지고 있는 물리적 살균법이다.

(2) 습열소독 (열탕소독)

끓는 물에서 상하거나 변하지 않는 물건을 소독해야 하는 경우 사용되는 방법으로 물이 끓은 후부터 5~10분 동안 끓임으로서 소독한다. 하지만 완전 멸균이 힘들고 소독 시간이 길어 거의 사용되지 않는다.

습열에 의한 방법은 피 멸균품에 열의 전도가 빠를 뿐만 아니라, 모든 부분에 골고루 열이 전달된다. 수분이 열전도의 매체 역할을 담당하기 때문이다. 또한 수분의 존재로 인하여 미생물 단백질의 응고가 촉진되어 멸균 효과가 커지게 된다. 습열 멸균법의 종류에는 대표적으로 끓여서 소독하는 자비 소독법 (boiling water)과 온도가 낮은 상태에서 소독하는 저온 소독법 (pasteurization)이 있다.

물에 끓이는 방법과 증기를 가열하여 소독하는 방법이다.

- 저온 살균법 : 저온소독법은 프랑스의 세균학자인 파스퇴르 (Pasteur louis)에 의해서 고안된 방법이다. 일반적으로 62~63°c에서 30분 정도의 온도와 시간을 기준으로 말한다. 소독할 대상은 주로 음식물로 더 효과가 있다.
- 자비 소독법 (boiling water) : 물을 끓여서 하는 방법으로, 약 100°c의 끓는 물속에 소독할 물품을 직접 담가서 20분 이상 끓이는 방법으로 완전한 멸균은 기대할 수 없으나 영양형 세포 (vegetativecell)는 수초에서 수분이내에 사멸한다. 이때 끓이는 물에 약 2% 중소 (탄산나트륨), 2% 붕소, 5% 석탄산 혹은 2~3% 크레놀 비누액을 가해주면 세척 작용과 소독력을 높이고 금속성 기자재가 녹스는 것을 방지할 수 있다. 금속성 식기, 면류의 의류나 타월, 도자기 등의 소독에 적합하다.
- 고압증기 멸균법 (Sterilization by high pressure steam autoclaving) : 병원과 실험실에서 많이 사용되는 멸균법으로 고압솥에서 121°c로 15~20분 정도 가열한다. 포자까지 완전히 사멸되어 멸균되는 이 소독법은 주사기, 수술기구, 거즈, 의류 등의 소독에 사용된다.

(3) 건열 멸균

강한 열이나 불에 구움으로써 박테리아를 살균한다. 300~320℃ 정도의 강한 열과 불을 이용하여 살균한다.

- 소각 소독법 : 일종의 화염 멸균법으로 환경 미생물에 의하여 오염된 휴지, 쓰레기와 의류 등 전염의 우려가 있는 물건을 불에 태워 멸균시키는 가장 쉽고도 안전한 방법이다.

- 건열 멸균법 : 건열에 의하여 미생물을 산화 또는 탄화시켜서 멸균하는 방법이다. 전기를 이용하는 건열멸균기를 사용하는 소독으로 160~170℃ 정도에서 한 두시간 건열로 미생물과 포자를 완전하게 살균하는 방법이다. 유리 기구, 주사기, 금속, 도자기류 등의 소독에 사용된다.

- 화염 멸균법 : 소독하고자 하는 대상을 직접 불꽃에 접촉시켜 표면에 있는 미생물을 태워 없애는 소독법으로 알코올 램프와 천연가스 램프 등이 사용된다. 유리기구, 주사기, 금속, 도자기류 등의 소독에 사용된다. 최소 20초 이상 가열하는 것을 기본으로 하며, 이 · 미용기구 소독에 적합한 방법이다.

2) 화학적 살균법

화학적 살균법이란 미생물에 대하여 살균력을 갖고 있는 화학적 약제를 사용하는 방법이며 소독제나 살균제를 이용한다. 소독제는 박테리아를 죽이지 않고 활동을 억제시키는 것이며, 살균제는 모든 박테리아를 해롭지 않게 만드는 것이다. 물리적 살균법으로 적절한 효과를 얻지 못하는 대상물 등에 대해 선택적으로 실시할 수 있는 살균법이다. 화학적 방법을 사용하여 소독할 때는 소도구를 먼저 물과 세제로 깨끗이 닦고 깨끗한 물에 헹군 다음 약제에 담그는 과정을 거치는 것이 중요하다. 값싸고 쉬우며 효과적이어서 네일샵에서 보편적으로 사용하고 있는 살균방법이다.

(1) 소독제

피부나 손톱에는 안전하며 박테리아를 죽이기도 하고 성장을 저해하기도 하는 액체 상태의 물질이다. 이와 같은 소독제 중 네일 샵에서 주로 사용하는 것은 알코올, 포르말린, 요오드 등이며 박테리아를 죽이기도 하고 성장을 막기도 한다. 액체로 되어 있으며, 고객의 피부나 손톱에 사용해도 안전하다. 하지만 소도구를 살균할 정도로 강하지는 못하다.

(2) 살균제

소독제보다 강하다. 피부에 사용할 수 없고 도구를 위생처리 및 살균하는데 충분하다. 침수 시간은 보통 10~20분 정도가 소요된다.

3) 소독, 살균에 사용되는 화학물질

(1) 4기 원소 탄소 화합물 (Quats)

액체나 정제의 형태로 나오며 위생처리를 위하여 살균이나 소독할 때 쓰이는 제품중의 하나이다. 특징은 냄새가 없고, 무색이며 안전성이 있는 반면 바이러스에 대한 소독처리에 효과가 없다는 것이다.

쿼츠 : 물 = 1 : 1000의 비율의 용제는 소도구 소독에 사용되며 20분 이상 담궈 둔다.

(2) 포르말린 (Formalin)

강한 살균제로 사용된다. 포르말린은 구입시 37~40%의 포르말디하이드 가스(formaldehyde gas)가 물에 혼합되어 있다. 사용시 주의할 점은 흡입하면 기도를 상하게 하며, 피부에 닿으면 피부를 자극시킨다. 주로 10% 용제와 25% 용제가 있으며 최소한 20분 이상 담궈야 한다. 철제도구의 부식을 막기위해 글리세린을 첨가하기도 한다.

표 3-1 화학물질의 종류와 특성

화학물질	농도	시간	특징
쿼츠	1:1000	20분 이상	무색, 무취, 안전하나 HIV 바이러스에 효과가 없다.
포말린	10%, 25%	20분, 10분 이상	흡입시 기도를 상하게 하고 피부 자극의 우려가 있다. 강한 살균제로 철제를 부식 시킬 수 있다. 글리세린 첨가시 부식을 막을 수 있다.
알코올	70%, 90%	20분 이상	보편적으로 가장 많이 사용한다. 손소독은 가능하나 도구를 소독하기에는 약하다.
소디움 하이포크로라이드	정제 혹은 용제	20분 이상	HIV바이러스에 효과가 있고 가정에서는 표백제로 사용할 수 있다. 철제부식성이 강하다.

(3) 알코올 (Alcohol)

보편적으로 많이 쓰이는 소독제로는 70% 혹은 90%의 용제에 20분 이상 담가둔다. 알코올은 철을 부식시키므로 장시간 담가두었을 경우, 철제 도구가 부식 될 수 있다. HIV바이러스를 죽일 수 있을 만큼 강하지는 못하다.

(4) 소디움 하이포크로라이트 (Sodium Hypochlorite)

바이러스에 효과가 있으며 소도구의 소독, 살균에 사용한다. 그러나 철물에는 부식성이 강하다. 순수 합성제는 가정에서 표백제로 사용될 수도 있다. 10분 혹은 그 이상 담가둔다.

4) 살균기의 종류

(1) 습식 살균기

다양한 모양과 크기의 제품이 있다. 기구를 집어넣었을 때 완전히 소득될 수 있는 크기의 기계를 구비하는 것이 중요하며, 전염을 막기 위해 덮개가 있어야 한다. 살균기에 사용되는 소독제는 완전 살균을 위해 자주 갈아야 한다.

(2) 건식 살균기 (캐비넷 식)

소독된 기구들을 사용할 때까지 청결하게 보관하기 위해 건식 살균기를 사용한다. 캐비넷식은 반드시 밀폐식이어야 하며, 재질은 나무, 금속 또는 플라스틱이다. 캐비넷식에서 사용되는 소독제는 살균용 가스이므로 훈증제라고도 불린다.

(3) 자외선 살균기

자외선을 이용한 전기 살균기도 건식 살균기처럼 기구가 소독된 후 사용할 때까지 보관하는 용도로 이용된다. 이 살균기는 램프를 켜면 자외선이 방출되는 원리를 이용해 기구를 소독하는 기계이다. 눈에 노출될 경우 실명의 위험성도 있다. 소독 시간은 보통 2~3시간 정도 소요된다.

[그림 3] 자외선 살균기
[출처:http://shopping.naver.com/detail/detail.nhn?nv_mid=5508552346&frm=NVSCIMG]

네일 아티스트가 되기 위해서는 화학의 기본적인 이론을 습득해야 한다. 네일에 관련된 거의 모든 제품들이 화학용품이므로 이를 취급하는 네일 아티스트는 화학과 화학용품에 대해 이해하고 제대로 적용할 줄 알아야 한다.

3. 화학

1 물질과 에너지

이 세상의 모든 사물은 물질과 에너지로 이루어져 있다. 물질은 부피와 중량이 있는 공간체이다. 반면 에너지는 공간을 차지하지 않는 존재로 물질에 영향을 미친다. 에너지의 예로 빛이나 전파 등을 들 수 있다.

2 분자와 원소

분자는 화학물질의 최소 단위이다. 물분자는 산소와 수소로 분리될 수 있지만 분리된 후에는 더 이상 물이 아니다. 분자 중에 더 이상 분리되지 않는 것을 원소라 한다. 산소와 수소도 원소이며 이제까지 발견된 원소들은 원소 주기표로 정리되어 있다.

3 물리적 변화

물질은 고체, 액체, 기체 상태로 존재한다. 물질을 가열하거나 냉각시켜 상태를 바꿀 수 있다. 예를 들어 물을 냉각시키면 얼음이 되고, 가열하면 수증기가 된다. 그런데 물이나 얼음,

수증기는 형태가 변한 것으로 산소와 수소의 결합체로서 본질은 같은 물질이다.

4 화학적 변화

화학적 변화는 물질이 다른 물질로 완전히 바뀌는 경우를 말한다. 분자 구조가 재배열됨으로써 하나의 물질이 다른 물질로 변하는 것으로 물체를 태웠을 때 재로 변하는 것도 화학적 변화에 기인한 것이다. 화학적 변화를 일으키기 위해서는 물질에 자극을 가하는 일종의 에너지가 필요하다. 대부분의 경우 열이나 빛이 이러한 에너지를 제공한다.

5 화학반응과 촉매제 (Catalyst)

물질이 특정 에너지에 반응해 다른 물질로 바뀌는 것을 화학반응이라 하며 필요에 따라 인위적으로 화학반응을 촉진시키는 요소를 사용한다. 이러한 요소를 촉매제라고 한다.

4. 화학제품의 기능

1 용매 (Solvent)와 용질 (Solute)

용매는 보통 액상 형태의 물질로 다른 물질을 녹일 때 사용한다. 용질은 용매를 이용해 녹여지는 대상 물질을 말하고 일반적으로 고체이다. 설탕이나 소금은 물에 녹는데, 이 때 설탕이나 소금은 용질이고 물은 용매이다. 손톱의 에나멜을 지우는데 사용하는 아세톤도 용매이다.

일정량의 용매로 녹일 수 있는 용질의 양은 한정되어 있다. 걸레가 물을 흡수하는 양이 있듯이 용매는 포화상태 (saturation)에 이르면 더 이상 기능을 발휘하지 못한다. 포화상태에 이른 용매는 효과가 없으므로 새로운 용매로 교체해야 한다.

뜨거운 물에 설탕이나 소금이 잘 녹듯이, 용매는 온도에 따라 반응속도가 다르다. 그러나 온도가 높을 수록 반응속도가 빨라지는 것이 아니라, 용매에 따라 다르다.

아세톤은 41℃에서 가장 빨리 반응한다. 물론 용매의 온도를 높이기 위해 직접 데우는 것은 위험하므로 물에 중탕하는 것이 안전하다. 대부분의 용매들은 발화 가능성이 있고, 따라서 압력이 높아질 경우 폭발할 수도 있다. 뚜껑을 약간 열어서 압력이 증가하지 않도록 해야 하며, 제조회사의 안전 수칙을 지켜야 한다.

2 접착과 접착제

접착은 두 표면을 서로 붙게 하는 힘이다. 접착 현상은 한 표면의 분자가 다른 표면의 분자를 끌어당길 때 이루어진다.

풀은 종이에 달라붙는데 이는 풀의 분자가 종이의 분자를 끌어당기기 때문이다. 표면에 이물질이 있는 경우 접착을 방해한다. 그러므로 표면이 건조하고 깨끗해야 접착이 잘 된다.

❶ 접착제 (Adhesive)

접착제는 두 표면을 붙게하는 화학약품이다.

예를 들어 셀로판 테이프는 끈끈한 접착제가 발라져 있는 플라스틱 관으로, 이 접착제가 플라스틱 관을 종이에 달라붙게 하는 역할을 한다. 접착제에는 여러 종류가 있으므로, 각각의 용도와 접착 면을 고려해 선택해야 한다.

아교는 동물의 내장과 가죽 그리고 뼈를 끓여 만든 접착제로 생 아교는 접착력이 약한편이다. 네일 샵에서 보통 사용하는 풀(glue)은 싸이아노아크릴레이트 (cyanoacrylate)로 네일 바디 (nail body)에 쓸 수 있도록 전문용으로 제조된 것이다.

❷ 프라이머 (Primer)

프라이머는 접착력을 강화시키기 위해 사용되는 물질로, 인조손톱을 붙이는데 주로 사용된다. 프라이머는 양면 접착 테이프와 같은 기능을 갖고 있어서, 한 면은 손톱에 붙어 있고, 다른 면은 인조손톱을 붙잡고 있다고 보면 된다.

프라이머를 사용할 때에는 주의를 기울여야 한다. 프라이머는 메탈크릴산이라는 약산성으로 부식성이 강하기 때문에 피부에 닿으면 화상이나 상처를 남길 수 있으며, 눈에 들어가면 실명할 만큼 강력하다. 프라이머는 적당량 사용해야 한다. 얇게 바르는 것이 바람직하고 보통은 2회정도 바른다.

일부 프라이머는 언뜻 보아 피부에 닿아도 부식 작용을 일으키지 않아 무산성 프라이머라고 잘못 불리기도 하는데, 이러한 프라이머도 산을 함유하고 있어서 장기간 피부에 접촉되는 경우나 잘못 사용될 경우 피부에 문제를 일으킬 수 있으므로 항상 조심하여야 한다. 베이스코트(base coat)도 용도는 다르지만 프라이머의 일종이다.

❸ 접착시 유의할 점

접착이 얼마나 잘 되었느냐는 접착제의 품질과 네일 아티스트의 기술 여하에 달려 있다. 접착을 잘하기 위해서는 표면을 건조하고 깨끗하게 해야 한다. 손을 깨끗하게 씻고 네일 바디를 문질러서 접착에 방해가 되는 손톱 표면의 기름기나 다른 물질을 제거한다. 네일 바디를 긁어내 수분을 제거 (에칭, etching)하는 것이다.

인조 네일을 제거해보면 손톱의 손상 상태를 알 수 있다. 손톱이 손상된 원인을 부착물과 프라이머의 탓으로 돌리는 경우가 많은데, 실제로는 무분별한 네일 작업이나 접착제의 과다

한 사용에 원인이 있다. 네일 바디 (nail body)와 네일 베드 (nail bed)를 손상시키거나 네일 바디를 들뜨게 하여 네일 베드로부터 떨어지게 하면 감염이 되기 쉽다. 그러므로 네일 접착을 잘하기 위해서는 네일 바디를 제대로 소독한 후 품질 좋은 제품을 사용하여 올바른 방법으로 시술하여야 한다.

3 모노머 (Monomer, 단량체), 폴리머 (Polymer, 중합체), 폴리머리제이션 (Polymerization)

한 물질의 분자들은 각각의 연결고리를 통해 서로 연결되어 있고, 이러한 분자들의 연결고리를 폴리머라 한다. 폴리머는 액상일 수도 있으나 대개 고체의 형태를 띠고 있다. 폴리머를 이루기 위해서 서로 연결된 각각의 분자들을 모노머라 하고, 폴리머를 만들어내는 화학적 반응을 폴리머리제이션이라 한다.

네일 바디는 케라틴 (keratin)이라는 단백질로 되어 있으므로 폴리머이고, 단백질도 아미노산으로 되어 있으므로 폴리머이다. 반면 단백질을 만드는 아미노산은 모노머이며, 아미노산이 연결고리를 이루며 단백질을 만들어 내는 과정이 폴리머리제이션이다.

모노머 분자들은 에너지를 전달하는 기폭제의 작용으로 폴리머리제이션 상태로 들어간다. 기폭제는 많은 양의 에너지를 지니고 있다가 모노머에 접촉하는 순간 에너지를 모노머에 전달하고, 에너지를 원하지 않는 모노머는 이를 제거하기 위해 다른 모노머의 꼬리에 자신을 연결하여 이 에너지를 방출하고 이 에너지를 전달받은 다른 모노머도 에너지를 방출하기 위해 같은 방법으로 다른 모노머와 연결된다. 이러한 방식으로 순식간에 수십 억개의 모노머들이 연결고리를 이루게 되어 새로운 물질이 형성된다.

이러한 모노머들의 연결고리는 서로 엉클어지고 꼬이기도 하면서 물질을 경화시킨다. 물질이 빨리 굳어지고 늦게 굳어지는 차이는 이 연결고리들이 얼마나 빨리 빽빽하게 엉켜드느냐에 달려 있다. 연결고리가 최종적인 상태에 도달하는 데에 오랜 시간이 걸리는 경우도 있는데, 네일 보형물의 경우 이틀 정도 지나면 더 경고해지는 이유가 여기에 있다.

4 단일 폴리머 연결고리와 교차결합 폴리머 연결고리

한 폴리머의 머리와 다른 폴리머의 꼬리가 반응하여 연결고리를 이루고 있는 경우를 단일 폴리머 연결고리라 한다. 랩이나 접착제 등은 이러한 타입의 폴리머이다. 이러한 폴리머는 그 견고성이 약하므로, 용매를 이용해 쉽게 연결고리를 풀 수 있고, 충격이나 압력에 의해 쉽게 부서지기도 한다. 단일 폴리머 연결고리로 이루어진 물질은 그 표면의 조밀도가 떨어지기 때문에 이물질이 끼어 얼룩이 생기기도 한다.

이러한 견고성과 조밀도의 약점을 해소하기 위해 개발된 물질들은 교차결합 폴리머 연결고리를 포함하고 있다. 이러한 폴리머 구조는 마치 그물과 같은 매우 견고하고 촘촘한 형태를 띠고 있다.

네일 바디는 이러한 교차결합 폴리머 구조이기 때문에 단단하며 탄력이 좋다. 네일 시술에 사용되는 교차결합 폴리머 물질로 UV젤이나 아크릴 리퀴드 그리고 파우더 등을 들 수 있다. 교차결합 폴리머는 매우 견고하다는 점 외에도 조밀하기 때문에 잉크나 표백제 또는 매니큐어 등이 표면에 얼룩을 입히는 것을 방지하는 이점이 있는 반면, 제거하기 더 힘들다는 단점도 있다.

5 빛 에너지와 열 에너지

에너지는 모노머 분자가 연결고리를 통해 다른 물질로 바뀌는데 필수적인 요소이다. 에너지에는 빛 에너지와 열 에너지가 있다.

네일 샵에서 사용하는 빛 에너지는 자외선 (UV light)이고 그 외의 에너지는 열 에너지이다. 에너지는 촉매제에 반응하여 기폭제에 전달되고 기폭제가 모노머에 이 에너지를 전달함으로써 화학반응이 일어나는 것이다.

UV젤 제품을 사용할 때 다른 빛을 차단시키는 이유는 혹시라도 그러한 빛이 작용하여 화학반응이 일어나는 것을 방지하기 위해서이다.

백열전등을 이용하여 응고시키는 제품들은 빛에 반응하는 것이 아니라 전등에서 나오는 열을 이용해 용매의 증발을 촉진시키는 것이다.

6 증발

네일 에나멜 (nail enamel)이나 탑 코트 (top coat)는 화학반응이 아니라 증발을 통해 작용한다. 이들은 모노머를 함유하고 있지 않으므로 화학반응이 일어나지 않는다. 대부분 발화성 또는 증발성이 강한 용매를 포함하고 있어서 이 용매가 증발함에 따라 매끈한 폴리머 물질이 남게 된다. 당연히 교차결합 폴리머 구조보다 부착력이 약하고 견고성도 떨어지는 반면, 쉽게 제거된다.

제3장 위생관리와 안전관리

1. 위생관리

청결과 위생 및 소독에 대한 강조는 헤어 분야, 피부관리 분야 뿐만 아니라 네일 분야에서도 강조된다. 위생은 공중보건과 질병을 예방하고 고객과 네일리스트의 건강을 지키는데 매우 중요한 것으로, 고객을 관리하는 모든 과정과 살롱의 설비 및 도구를 위생적으로 취급하지 않을 경우, 네일리스트와 고객은 감염의 위험에 노출될 수 있다. 정돈되고 청결한 살롱 분위기는 고객에게 신뢰감을 심어주는 첫 이미지이므로, 살롱 내부는 물론 기기, 기구 등을 소독ㆍ멸균하여 항상 청결한 상태를 유지해야 병원균의 번식이나 감염을 미리 예방할 수 있으며, 고객이 위생적인 환경에서 안심하고 관리를 받을 수 있도록 해야 한다.

1 위생의 개념

위생은 공중보건과 질병을 예방하기 위해서 취할 수 있는 실제적인 것을 다룬다.

위생 (hygine)이란 말은 고대 그리스 신화에 출현하는 건강과 위생의 여신 '히기아 (hygieia)에서 유래된 것으로 '건강 (health)'을 의미한다. 특히 무좀 (tinea pedis), 헤르페스 (herpes), B형ㆍC형 간염, AIDS 등 외적으로 증상이 나타나지 않는 질병의 경우 확인이 어려우므로 살롱의 도구나 기구들을 철저하게 소독하거나 멸균 처리하여 사용해야 하는 각별한 주의가 필요하다.

2 기구 및 도구류의 위생관리

- 모든 기구들은 사용 후 70% 알코올을 이용하여 20분 동안 담가 두었다가 흐르는 물에 헹구어 마른 수건으로 닦은 후 자외선 소독기에 넣어 두었다가 사용한다.
- 1회용 도구들은 재사용하지 않는다.
- 파일은 한 고객에게만 사용한다,
- 비닐봉지나 개인 소지품 서랍장에 보관한 후 고객의 이름을 붙여 재사용할 수 있도록 한다.

- 소독 및 세제용의 화학물은 통풍이 잘되고 서늘한곳에 밀폐시켜 보관한다.
- 모든 물품 보관함은 뚜껑을 꼭 덮어둔다.
- 전기제품은 청결 상태를 유지하며 사용하지 않을 경우 덮개를 덮어 둔다.
- 타올 등은 1회용으로만 사용하고 소독 세탁한다.
- 로션이나 수액제는 용기에 부어서 스파튤라, 솜, 혹은 면봉을 이용하여 바른다.

3 살롱에서의 위생관리

습기가 많고 따뜻한 곳에서 박테리아는 빨리 번식한다. 일단 살롱에서 박테리아는 비위생적인 제품과 네일 도구 등으로 인하여 고객에게 감염될 수 있다.

❶ 네일 살롱의 위생관리

- 작업공간은 조도가 좋고 온 · 냉방이 되어야 한다.
- 에나멜 아크릴 파우더의 냄새 뿐만 아니라, 파일링 후에 생기는 분진과 먼지가 많으므로 네일 살롱에서의 환기는 매우 중요하다. 작업대 밑에 팁 분진을 제거 할 수 있게 국소 환기장치를 설치하도록 한다.
- 벽, 천장, 바닥과 기구 등은 먼지가 묻지 않게 해야 하며 이것들은 세척이 가능해야 한다.
- 접수대, 선반, 보관장, 기구 등을 위생적인 상태로 유지시킨다.
- 깨끗한 물품을 넣은 보관함에 지저분하거나 오염된 도구를 같이 보관하지 않는다.
- 화학 성분이 들은 용액을 흘렸을 경우 즉시 닦는다.
- 개, 강아지, 새 등은 살롱 내에 출입을 금지시킨다.
- 작업 테이블 위에는 도구, 기구 재료 등의 준비가 이루어져 있어야 하며, 작업이 끝난 후에는 정리정돈이 잘되어야 하며 다음 고객을 위한 준비도 잘 갖추어야 한다.
- 온수와 냉수가 충분히 공급되어야 한다.

❷ 네일아티스트의 개인 위생관리

네일아티스트가 위생처리를 소홀히 하면 자신은 물론 감염으로부터 안전할 수 없다. 고객과 자신을 보호하려면 다음 사항들을 준수해야 한다.

- 적절한 위생절차를 익히고, 이를 꼭 준수하도록 한다.

- 전염 가능성이 있거나 감염이 된 고객을 시술 할 때는 감염되지 않도록 주의하며 병원 치료를 받고록 권한다.
- 시술 전 후에 70% 알코올이나 손 소독 용액으로 시술자와 고객의 손을 닦는다.
- 파일링할 때 마스크를 착용한다.
- 손에 상처가 나지 않도록 주의한다.
- 매일 깨끗하게 세탁한 유니폼을 입도록 하며, 손은 항상 청결히 한다.
- 화학물질을 사용하거나 혼합물을 사용할 때는 항상 명시된 설명과 지시를 따른다.
- 화학물질을 사용하는 동안 피부 또는 눈을 만지거나 닿지 않도록 한다.
- 화학물질 사용 후에 항상 손을 깨끗이 씻는다.

2. 안전관리

안전하게 다루는 것에 대해 적절한 취급방법만 지킨다면 화학물질에 너무 겁낼 필요는 없다. 미국에서는 화학물질 제조회사들이 그 제품을 사용하는 사람들이 지켜야 하는 안전 규칙이 수록되어 있는 재료 안전 자료표 (MSDS: Martial Safety Date Sheets)를 보고 참조하여 안전하게 사용하는 방법을 숙지하고 있다.

네일리스트는 화학물질 노출에 따른 예방과 유해한 점에 대한 주의사항을 습득하여 고객과 나 자신의 보호에 대응해야 한다.

네일 살롱에서 사용되고 있는 일반적인 화학물질은 솔벤트, 프라이머, 글루 드라이어, 글루, 젤 글루 등이 있으며, 이런 화학물질을 숙지하여 안전하게 다루면 위험하지 않다.

1 전기 안전관리

- 젖은 손으로는 전기기구를 만지지 않는다.
- 안전기에 반드시 정격퓨즈를 사용하여 한다. 정격퓨즈를 사용하지 않을경우 화재 위험이 발생한다.
- 한 개의 콘센트에 많은 전기기구를 사용하지 않는다. 한꺼번에 과다 전류가 흐르게 되면 화재의 위험이 있다.
- 불량 전기제품을 사용하면 누전이나 합선 등으로 화재의 위험성이 높으므로 불량 전기

기구를 사용하지 않는다.

- 습기가 많은 장소의 전기기구는 반드시 접지를 해야 한다.
- 사용하지 않을 때는 전원을 뽑아놓는다.
- 손상된 전기선이나 코드는 재빨리 교체한다.
- 전기장치를 끌때는 전원의 스위치를 먼저 끄고, 플러그를 뽑는다.

2 제품 안전관리

네일 샵에서 사용되는 화학 물질은 다음과 같은 제품들이 주로 사용되며, 과다 노출로 인해 부작용 위험에 노출 될 수 있다.

- 글루, 젤, 아크릴 리퀴드, 솔벤트는 피부를 건조시키고 피부를 벗겨지게 하므로 사용시 주의한다.
- 모든 재료에는 뚜껑을 덮고, 뚜껑 있는 휴지통을 사용한다.
- 시술시 화학약품이 눈에 들어가면 응급 처치 후 병원으로 간다.
- 글루의 과다 사용은 자연 네일을 약하고 부서지게 하므로 적당하게 사용한다.
- 스프레이 제품을 되도록 사용하지 않도록 한다.
- 시술할 때 제품이 피부에 닿지 않게 한다.
- 모든 용기에는 내용물에 대한 표기를 하고 표기가 되어 있지 않은 용기의 용액은 사용하지 말아야 하며, 어떤 화학물인지 모르는 것은 폐기한다.

3 네일 아티스트의 안전관리

- 파일링 할 때 발생하는 가루로 인해 마스크를 착용하여 호흡기를 보호한다.
- 네일 살롱 실내는 통풍이 잘되어야 하며 환기는 자주 하도록 한다.
- 네일 시술시에는 보호안경을 써서 눈을 보호한다.
- 화학물질 재료가 많아 흡연을 피한다.
- 콘텍즈렌즈의 사용을 제한한다.
- 살롱에서 마시거나 먹는 것을 삼가한다.
- 위생장갑을 착용한다.

CHAPTER 4

네일 화장품학

제1장 네일 화장품

1. 네일 화장품의 역할과 종류

손톱과 발톱은 머리카락과 같이 표피세포가 변화된 것으로 케라틴을 주성분으로 한 경단백질로 만들어져 있다. 손가락과 발가락의 끝에 붙어 있어 그 끝을 보호하는 것이 주 목적이다.

손톱의 모양새나 물리적인 성질은 사람에 따라 다르다. 손톱의 경도는 손톱에 함유된 수분의 양이나 케라틴의 조성에 따라 다른데, 보통 영유아의 손톱은 유연하고 탄력이 있지만 노인의 손톱은 단단하고 부서지기 쉽다.

건강한 사람의 경우에 손톱은 1개월에 3mm정도 자란다고 하는데, 손톱과 발톱이 노화하거나 무르지 않게 성장하려면 항상 표피 세포가 케라틴화하여 손톱과 발톱 세포로 변해야 한다.

매니큐어와 패디큐어는 손톱, 발톱이 청결하고 건강하게 유지되도록 손질해 주며, 약한 손톱과 발톱을 보호해 준다. 또 네일 에나멜을 이용하여 채색함으로써 아름답게 돋보이게 한다.

네일 화장품은 크게 조갑을 보호 관리하는 트리트먼트용 제품과 메이크업 기능이 강조되는 제품으로 나눌 수 있다.

표 4-1 네일 케어 제품의 종류

제품	기능
네일 트리트먼트	손톱 및 손가락 끝의 손질, 유분 · 수분 보급
베이스 코트	손톱의 굴곡을 메워 접착성을 향상시킴
네일 에나멜	손톱 착색, 미적 완성
탑 코트	손톱 광택과 내구성 향상
네일 드라이어	건조 촉진 및 도포막 광택 부여
네일 가드	손톱 보강과 손톱이 갈라지는 것을 방지
네일 브리치	손톱을 희게 함

2. 메이크업 기능이 강조 된 제품

1 네일 에나멜 (Nail enamel, Nail lacquer)

손톱과 발톱에 광택과 색채를 주어 아름답게 할 목적으로 사용되는 제품으로 흔히 네일 폴리시 (Nail polish)라고 부르거나 네일 락카 (nail lacquer)라고도 한다.

네일 에나멜은 니트로셀룰로오스 락카를 주성분으로 하여 조갑표면에 딱딱하고 광택이 있는 피막을 형성하는데, 네일 에나멜로 형성된 피막은 견고하여 조갑을 보호하면서 아름다움을 돋보이도록 하는 제품이다.

네일 에나멜을 만들기 위해서는 피막을 만드는 성분과 다양한 색상을 만드는 착색성분, 또 이들을 용해시키거나 분산시키는 용제가 필요하다.

피막을 형성하기 위해 니트로셀룰로오스가 가장 널리 사용된다. 가장 우수한 성분이지만 취급상 화기나 열에 가까이 하지 않도록 주의해야 한다. 니트로셀룰로오스만으로는 접착이나 광택이 완전해지지 않으므로 수지를 첨가하여 밀착성과 광택성을 향상시킨다. 또 가소제를 첨가하여 막에 유연함을 주고 내구성을 유지시킨다.

색재료는 염료나 무기안료, 유기안료와 천연 소재나 인공펄 등의 펄제가 사용되어 아름다운 색감을 나타낸다. 피막 형성제를 용해시키고 색재를 분산하는 용제로 점도와 휘발 속도를 조절하게 된다. 핀홀이나 붓의 흔적을 남기지 않고 마무리되면서 건조속도, 사용감 등을 모두 충족시키기 위해서는 한 종류의 용제만으로는 부족하며 다양한 용제를 혼합하여 사용하는 것이 일반적이다. 이 밖에 무기안료나 펄안료 등의 침전을 방지하기 위한 침전방지제가 첨가된다.

네일 에나멜은 다음과 같은 조건을 갖추어야 한다.

- 바르기에 적당한 점도가 있어야 한다.
- 가능한 한 신속히 건조되고 균일한 막을 형성해야 한다.
- 건조된 막에 현탁이나 핀홀이 생기지 않아야 하고 부드러운 발림성이 있어야 한다.
- 안료는 균일하게 분산되고 색조나 광택을 유지해야 한다.
- 피막이 견고하여 잘 접착되고 쉽게 벗겨지지 않아야 한다.
- 에나멜 리무버로 제거시, 쉽고 깨끗하게 제거되어야 한다.
- 손톱을 파손하거나 독성이 없어야 한다.

2 베이스코트 (Base coat)

손톱의 주름을 메워서 네일 에나멜의 접착성을 높이기 위해 미리 도포하는 제품이다. 색소를 제외하면 네일 에나멜과 유사한 처방 구성을 가지지만, 수지 성분이 네일 에나멜보다 많고 건조 속도가 빠르며, 니트로셀룰로오스가 더 적게 배합된다.

3 탑 코트 (Top coat)

네일 에나멜을 도포하고, 굳기와 광택을 증가시키기 위하여 추가적으로 도포하는 제품이다. 미리 도포한 네일 에나멜의 피막을 용해시키지 않도록 건조 속도가 빨라야 하되, 점도는 낮게 하여 도포가 쉬워야 한다. 견고한 피막을 만들기 위해 니트로셀룰로오스가 더 많이 배합된다.

4 에나멜 리무버 (Enamel remover)

네일 에나멜 등의 막을 제거하는 제품으로 니트로셀룰로오스와 수지 등의 피막 형성제를 용해하는 용제로 구성된다. 에나멜 리무버의 작용으로 인한 조갑의 탈수나 탈지를 막기 위해 모이스처라이저나 물을 가해 수분과 유분을 보충하는 기능을 첨가한 제품도 있다. 또한 크림상의 에나멜 리무버도 있다. 아세톤, 초산에틸, 초산부틸 등 리무버의 주요 성분들은 인화성이 강하므로 화기에 주의하여야 한다.

3. 트리트먼트용 제품

1 네일 트리트먼트 (Nail treatment)

네일 에나멜이나 네일 리무버를 자주 사용하면 네일 주변의 피부가 건조해지고 네일의 광택도 약해지므로 네일 관리가 필요하다.

트리트먼트 제품은 유화형과 크림형, 펜슬 튜브 타입 등이 있는데, 손톱 상태에 따라 주 2~3회 정도 손질을 하면 좋다. 취침 전에 에나멜을 제거하고 따듯한 비눗물에 손을 씻고 수분을 완전히 제거한 후에 사용하면 효과적이다. 비타민 A 등을 함유하여 네일의 케라틴 형성에 도움을 주는 제품도 있으며, 큐티클 크림, 큐티클 오일 등이 있다.

2 큐티클 리무버 (Cuticle remover)

네일 주위를 둘러싸고 있는 외피를 유연하게 만들어서 제거하기 쉽도록 하는 제품이다. 약알칼리성 용액에 글리세린을 혼합한 제품과 스크럽제를 사용해 물리적인 효과를 이용한 제품이 있다.

3 네일 가드 (Nail guard)

얇은 손톱, 유연한 손톱을 보강하여 손톱이 갈라지는 것을 방지하고 에나멜의 지속성을 좋게 하는 화장품이다. 에나멜을 바르기 전에 바르는 보강제로서 고분자 폴리머, 분말, 나일론 섬유를 가한 타입이 있으며 손톱을 튼튼하게 해 주는 제품과 손톱에 영양을 보충해 주는 제품이 있다.

4 네일 드라이어 (Nail drier)

네일 에나멜의 건조성을 빠르게 하고 막에 광택을 부여하는 것이다. 대부분 분사제와 소량의 원액으로 이루어지고 원액에는 각 종의 유분이 사용되는 경우도 있다.

5 핸드 로션 (Hand lotion)

피부를 보호하고 부드럽게 할 때 사용하는 제품으로 미네랄, 식물성 오일, 라놀린, 식물성 추출물 등을 가한 제품이다.

제2장 네일관리에 사용되는 제품

1. 화학제품의 종류

1 올리고머 (Oligomer)

자연 손톱이나 팁 오버레이에 오버레이시 사용하는 Gel이다.

2 모노머 (Monomer)

아크릴릭 네일 조형시 폴리머(파우더)와 믹스하여 사용하는 리퀴드액이다.

3 폴리머 (Polymer)

아크릴릭 네일 조형시 모노머(리퀴드)와 믹스하여 사용하는 파우더이다.

4 메타아크릴릭 에시드 (Meta acrylic acid)

인조손톱을 붙일 때 접착성을 높이기 위해 사용하는 산성제품으로 피부에 화상을 입힌다. 최소량만 사용한다.

5 시아노아크릴릭레이드 (Cyano carylate family)

순간 접착제로 점도에 따라 경화속도가 다르다. 라이트 글루 (light glue)는 점도가 낮아 가장 접착력이 좋으며 인조손톱을 붙일 때 사용하고 젤 글루 (Gel glue)는 점도가 높아 접착 속도가 느리고 인조손톱을 붙이고 표면을 메워줄 때 사용한다. 습기에 약하므로 건조한 곳에 보관해야 하며, 사용시 화상위험이나 유독가스가 발생할 수 있으므로 조심해서 사용해야 하며 자연 건조 시키는게 좋다.

6 실크, 파이버 글래스 (Threads and fabrics)

손톱을 붙일 때 사용하는 얇은 천이다.

7 엑티베이터 (글루 드라이어)

글루를 인위적으로 경화 속도를 빠르게 진행시키는 역할을 하며 경화속도가 빠를수록 반응이 빨라 뜨거우며 화상 위험이 있으므로 조심해서 사용한다. 사용시 일정 거리를 두고 분사해야 하며 화기를 멀리하고 환기를 요한다. 겨울에는 가스가 응축되어 성능이 저하되므로 따뜻하게 보온 후 사용하면 성능이 향상된다.

8 브러쉬 크리너

브러시를 세척할 때 사용한다.

9 띠너 (Thinner)

컬러가 굳었을 때 사용하는 용제로 쉽게 증발하는 특징이 있다.

2. 화학제품의 과다 노출시 일어나는 부작용

- 가벼운 두통, 어지러움
- 불면증
- 콧물, 눈물
- 목이 마르고 쓰다.
- 발가락이 따끔 거린다.
- 피곤하다.
- 눈의 충혈, 피부 충혈
- 나른한 상태의 지속
- 호흡장애

3. 화학제품의 보관방법

- 일하는 공간이 충분히 환기되도록 주기적으로 해야 한다.
- 모든 제품의 용기에 제품명이 잘 보이도록 라벨을 붙인다.
- 사용하지 않은 제품은 반드시 뚜껑을 닫아 보관한다.
- 전기장치와 가까이 두지 말아야 한다.
- 소형 소화기를 구비한다.

4. 자신과 고객을 화학물질에서 보호하는 방법

- 제품 라벨에 있는 주의사항, 성분, 사용법 등을 숙지한 후 사용한다.
- 불꽃이 없는 히터를 사용한다.
- 공중 스프레이 제품보다 찍어 바르거나 솔로 바르는 것을 선택한다.
- 피부에 닿지 않게 사용한다.
- 파일링시 분진 마스크를 착용하여 먼지와 작업 입자의 흡입을 막는다.
- 보호 안경을 착용하며, 눈에 들어갔을 때 흐르는 물에 빨리 세척한다.
- 콘텍즈렌즈의 사용을 제한한다.
- 시술자와 고객 모두 금연한다.
- 살롱에서의 마시거나 먹는 것을 금지한다.
- 식사 전 항상 손을 씻는다.
- 쓰레기는 비닐 봉투에 넣어 처리하고 정기적으로 버린다.
- 위생장갑을 착용한다.

연습 문제

학년 ____________ 학번 ______________________________ 이름 __

※ 손톱 구조의 각 명칭을 적으시오.

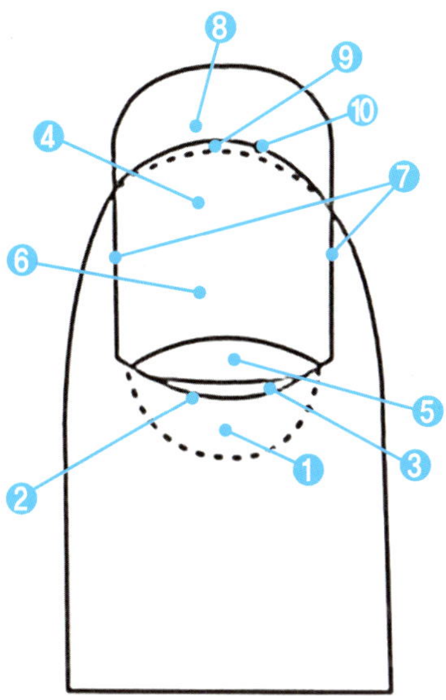

① ____________ ② ____________

③ ____________ ④ ____________

⑤ ____________ ⑥ ____________

⑦ ____________ ⑧ ____________

⑨ ____________ ⑩ ____________

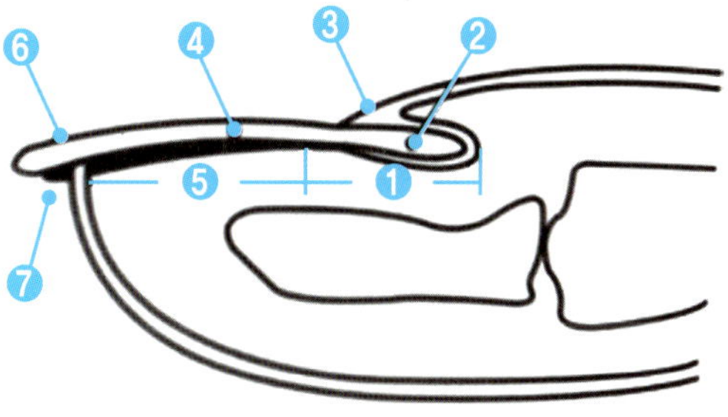

① ____________

② ____________

③ ____________

④ ____________

⑤ ____________

⑥ ____________

⑦ ____________

PART 2
실기편

CHAPTER 1

네일관리의 기초

제1장 네일관리의 도구 및 재료

1. 네일관리 도구와 재료

1 네일 니퍼 (Nail nippers)

손톱 주위에 굳은 살이나 거스러미를 제거할 때 사용하는 도구로 감염을 옮기기 가장 쉬운 도구이므로 철저한 소독 작업이 요구된다. 날 (jaw)의 크기는 1/4, 1/2 등이 있으며 크롬과 스테인레스 스틸, 니켈, 코발트 등의 금속 도금 소재로 만들어진다.

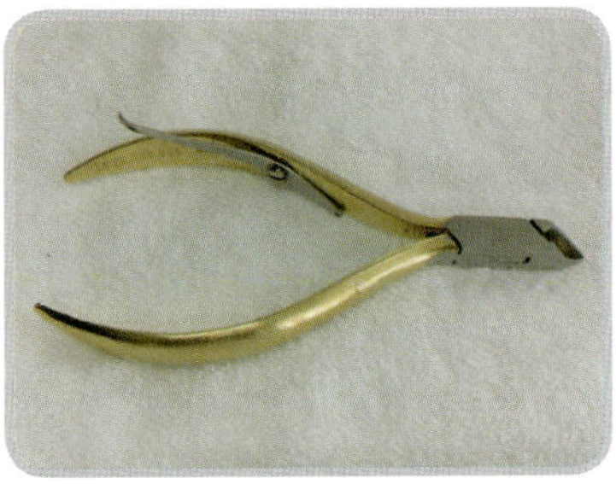

네일 니퍼

2 큐티클 푸셔 (Cuticle pusher)

손톱 주변의 굳은 살이나 각질을 밀어 올릴 때 사용하는 도구이다. 45도 각도로 연필을 잡는 방법으로 사용한다. 날의 커브가 손톱의 커브와 맞지 않을 때나 너무 세게 밀 경우 손톱 표면이 긁히거나 매트릭스가 손상을 입을 수 있으므로 주의해야 한다. 일반적으로 메탈 푸셔를 사용하고 다른 종류로는 스톤 푸셔도 있는데 스톤 푸셔는 손톱 주변의 굳은 살을 밀어 제거할 때 효과적이다.

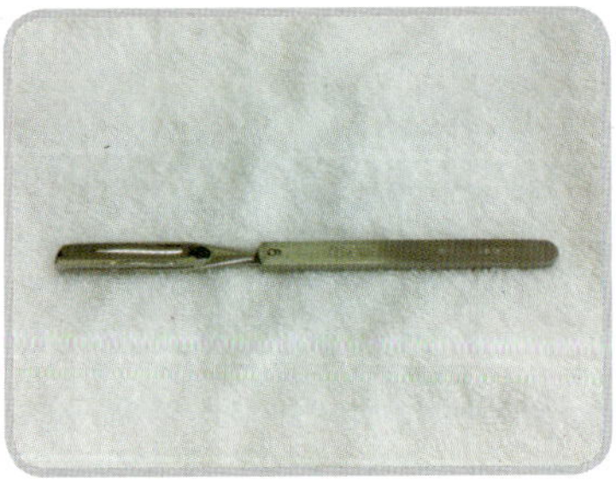

큐티클 푸셔

3 네일 클리퍼 (Nail clipper)

손톱의 길이를 조절하는데 사용하며 앞부분의 모양에 따라 일자형과 둥근형으로 나눌 수 있다. 네일 모양을 자유롭게 잡는데 있어 일자형이 조금 더 편리하다.

네일 클리퍼

4 오렌지 우드 스틱 (Orange wood stick)

큐티클을 밀어 올리고 손톱의 유분기를 제거하거나 손톱주변에 묻은 폴리시 (Polish)를 제거할 때 등 네일 시술시 다양하게 사용되는 도구이다. 한 번 사용 한 후에는 반드시 폐기 처분해야 하는 일회용 도구이다.

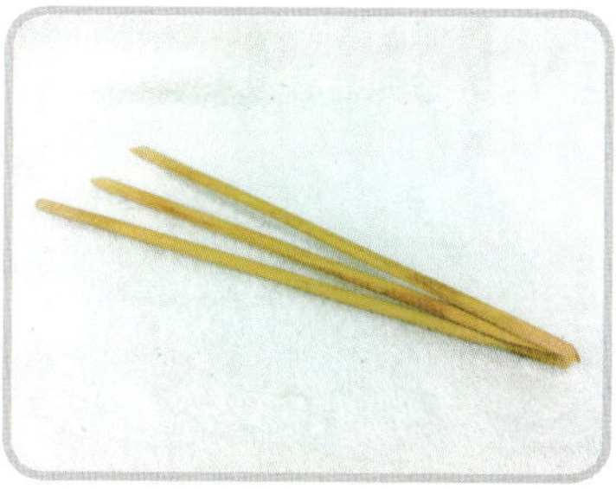

오렌지 우드 스틱

5 네일 파일 (Nail file)

에머리보드라고도 하며 자연 네일 및 인조네일의 손톱의 모양과 길이를 조절할 때나 인조네일의 표면을 다듬는데 사용된다. 파일은 입자의 굵기에 따라 거칠기가 달라지는데 그 거칠기를 그릿 (Grit)이라고 표시하며 그릿수가 높을수록 부드럽고 그릿수가 낮아질수록 거칠다. 자연 손톱에 사용할 경우는 주로 150그릿 이상의 파일을 사용한다. 파일은 대부분 살균이나 소독이 불가능하므로 일회용으로 사용해야 하나 요즈음은 워셔블, 즉 씻어서 사용할 수 있는 파일도 있어 재사용이 가능하다.

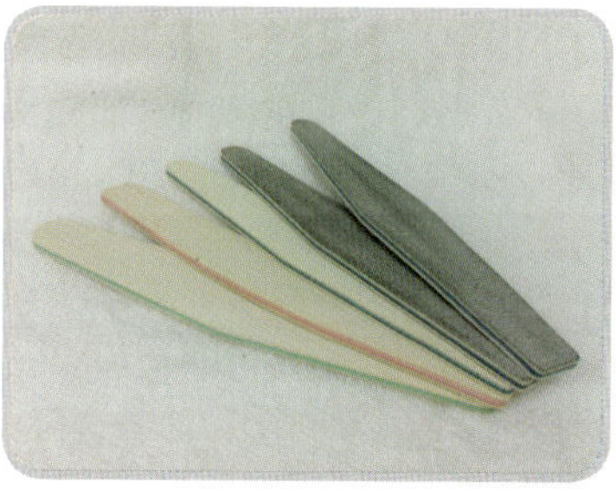

네일 파일

6 광 버퍼 (Shiny buffer)

표면의 입자 거칠기가 다른 3면으로 구성되어 있는 3-way버퍼와 2면으로 구성되어 있는 2-way 버퍼가 있다. 사각 블록 모양, 에머리 보드 모양이 있고 인조 및 자연 네일 표면 자체의 광택을 내는데 사용한다.

7 샌딩 버퍼 (Sanding buffer)

울퉁불퉁한 손톱 표면을 매끄럽게 정리할 때나 거친 손톱표면을 다듬을 때 사용한다.

8 더스트 브러쉬 (Dust brush)

파일링이나 버핑 후 손톱 표면의 찌꺼기나 먼지를 털어 낼 때 사용한다.

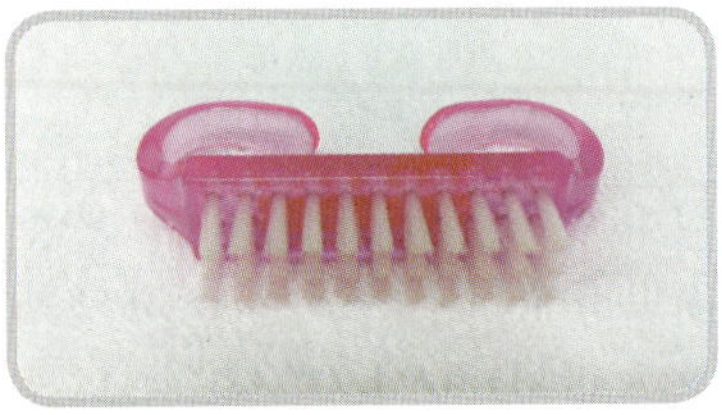

더스트 브러쉬

9 핑거볼 (Finger bowl)

습식 매니큐어시 손톱 주변의 각질이나 굳은 살을 불리기 위해 손 끝을 담글 수 있게 만든 용기이다. 살균비누나 표백제를 따뜻한 물과 함께 넣어 사용하면 더 효과적이다.

10 항균 피부 소독제 (Antiseptic)

피부 소독제로 시술하기 전에 시술자와 피시술자의 손을 소독할 때 사용한다.

11 에나멜 리무버 (Enamel remover)

손톱 표면의 폴리시 (Polish)를 제거할 때 사용한다. 넌 아세톤 (Non acetone)과 퓨어 아세톤 (Pureacetone)이 있으며, 퓨어 아세톤은 손톱의 끝부분을 녹이거나 약하게 만들 수 있으므로 인조네일이나 자연 네일 표면의 폴리시 (Polish)를 제거할 때는 넌 아세톤을 사용한다.

에나멜 리무버

12 큐티클 리무버 (Cuticle remover)

푸셔를 사용하기 전에 발라 딱딱한 큐티클을 부드럽게 만들 수 있다.

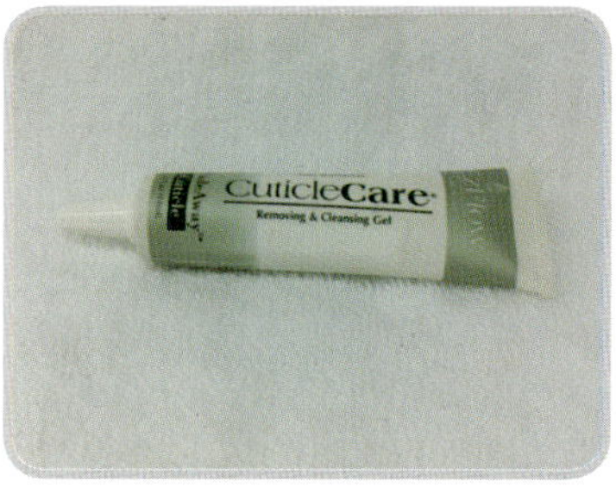

큐티클 리무버

13 큐티클 오일 (Cuticle oil)

비타민 E, 광물성 및 식물성 유지를 함유한 제품으로 큐티클 및 손톱에 유·수분을 공급하며 굳은살도 유연하게 만드는 작용을 한다. 작업시 발라줌으로써 금속 니퍼즈와 푸셔 등에 의한 긁힘 등이 방지되고 행네일에도 도움을 준다.

큐티클 오일

14 핸드로션 (Hand lotion)

마사지를 할 때나 마지막 마무리시 피부에 유분을 제공함으로서 고객의 손을 윤기있게 만든다.

15 베이스코트 (Base coat)

자연 네일의 변색이나 폴리시 (Polish)의 착색을 방지하고 잘 접착 될 수 있도록 자연 손톱 위에 한 겹 얇게 바른다.

16 탑코트 (Top coat)

폴리시 (Polish)의 결을 정리해 주는 탑코트는 컬러가 마를 수 있도록 도와주며 컬러가 오래 지속될 수 있게 해 준다.

17 팁 커터 (Tip cutter)

인조 네일을 시술할 때 사용하는 팁을 원하는 길이로 자를 때 사용한다.

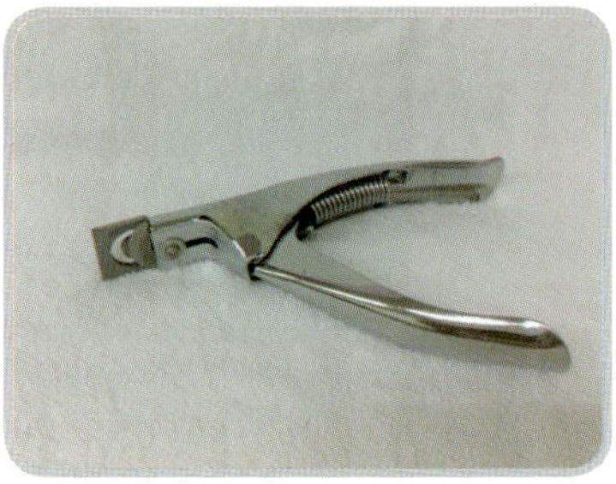

팁 커터

18 네일 랩 (Wrap), 실크 (silk)

약한 자연네일이나 인조 팁 위에 덧씌워 네일은 튼튼하게 유지하고 자연스러운 인조 네일을 만들어 줄 때 사용하며 랩의 종류에는 실크, 린넨, 화이버글래스, 페이퍼 등이 있다.

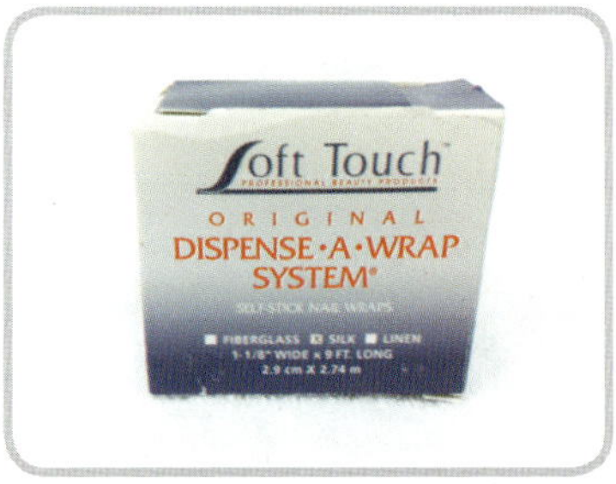

실크

19 네일 팁 (Nail Tip)

나일론, 플라스틱, 아세테이트 등으로 만들어진 인조손톱이다. 팁의 종류로는 손톱 전체를 씌우는 풀커버 팁, 손톱 길이를 연장할 때 사용하는 레귤러 팁, 스퀘어 팁, 프렌치 팁 등이 있고, 아트나 네일 쇼에 사용되는 롱 커브 팁이 있다.

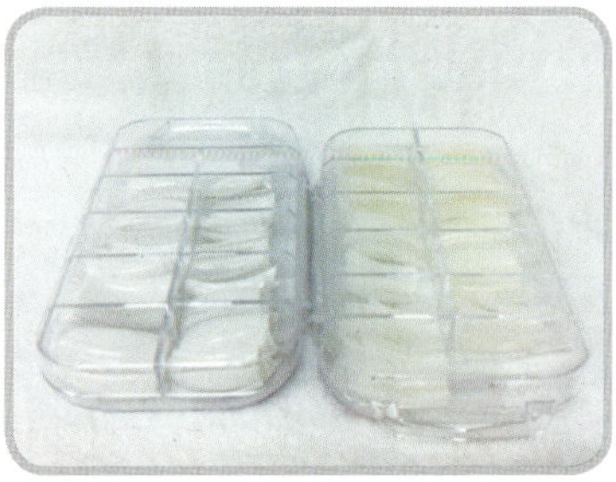

네일 팁

20 폴리시 (Polish)

에나멜 (enamel), 락카 (lacquer), 컬러 (color)라고도 하며 네일에 바르는 유색 화장품이다. 일반적으로 제 색상을 얻기 위해 얇게 2~3회 정도 바른다. 건조시 강한 바람이나 열을 가하면 갈라지거나 수축할 수 있으며 천천히 솔벤트를 증발시키면 고광택을 얻을 수 있다.

21 띠너 (Thinner)

폴리시 (Polish)가 점성이 끈적해졌을 때 다시 묽게 해주기 위해 한 두 방울 넣어 사용하는 솔벤트제이다.

22 네일 표백제 (Nail bleach)

네일 블리취라고도 하며 자연 손톱이 누렇게 변했을 때 하얗게 만드는 용도로 사용하며, 과산화수소와 레몬산이 주성분이다.

23 네일 보강제 (Nail strangthner/Nail hardner)

찢어지거나 갈라지거나 수분이 부족한 손톱에 예방 및 개선의 목적으로 사용된다. 베이스 코트 전이나 그 대용으로 사용한다.

24 지혈제

분말 또는 액상 타입으로 작업 시 발생할 수 있는 가벼운 출혈을 멈추게 할 때 사용한다.

제2장 기초 네일 테크닉

1. 네일 기본 모양

고객의 손모양, 손가락 길이와 굵기, 직업 및 취향을 고려하여 네일의 모양을 선택한다.

1 사각형 모양 (Square Shape)

네일 파일을 90도의 각도로 세워서 잡고 파일링하는 것으로 양끝 모서리가 각이 있는 모양이다. 자라나는 네일 모양 그대로를 유지한 모양이며 손톱 끝에 가해지는 힘이 균일해 다른 모양에 비해 손상의 위험이 적다. 비서직, 컴퓨터 종사자 등 활동적인 직업을 가진 사람에게 적당하며 도회적이고 샤프한 느낌이다. 단, 손가락이 굵거나 짧은 사람의 경우 단점을 더 극대화하는 모양이 될 수 있으므로 피한다.

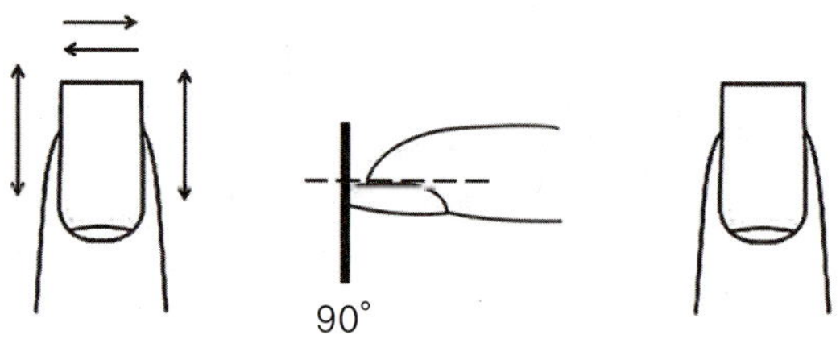

2 둥근 사각 모양 (Square-Off / Square-Round Shape)

사각형 네일의 변형된 쉐입으로 스퀘어 오프, 오벌 스퀘어, 스퀘어 라운드라고도 하며 네일 파일을 45도 각도로 잡고 양쪽 모서리를 둥글게 다듬어준다. 자연스럽고 튼튼해서 오래 유지되기 때문에 가장 이상적인 손톱 모양이라고 할 수 있으며 손톱을 기르고 싶은 사람이나 세련된 이미지를 원하는 사람에게 적합하다.

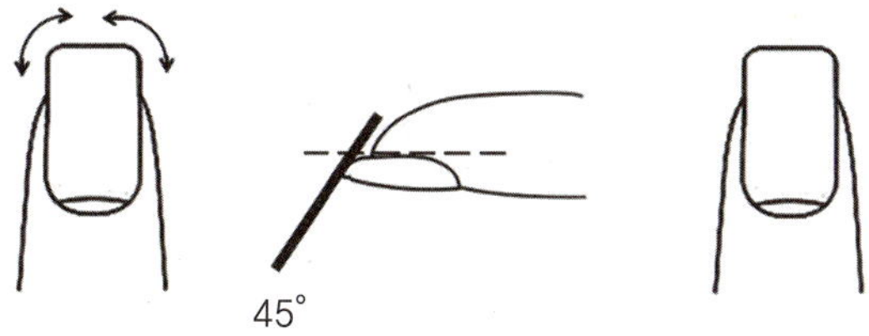

3 둥근형 모양 (Round Shape)

가장 기본형의 모양으로 네일 파일을 45도 각도로 쥐고 양모서리를 둥글게 처리한 모양이다. 남녀노소 누구나 즐겨하나 손톱의 길이가 짧거나 남성의 경우 조금 더 선호하는 모양으로 공무원, 회사원 등 평범하고 성실한 이미지에 적합하다.

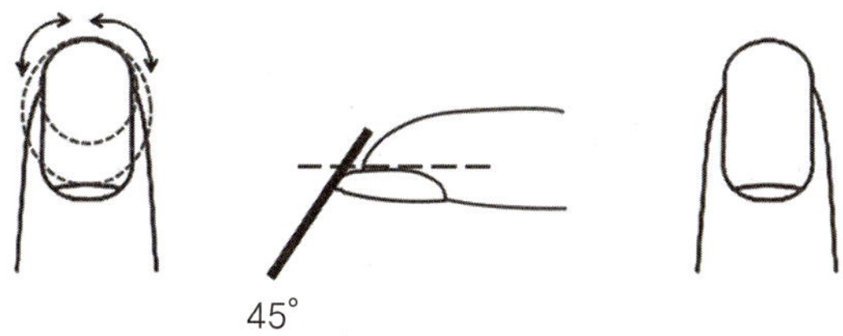

4 타원형 모양 (Oval Shape)

계란형 쉐입이라고도 하며 둥근형보다 더 여성스러워 어떤 손가락에도 잘 어울리며 손가락이 길어 보이는 손톱 모양이다. 따라서 여성들이 가장 선호하는 모양이며 가장 보편화 되어 있는 쉐입이다. 약 15도 각도로 눕혀서 양쪽 모서리를 더 깊게 둥글려 파일링하여 다듬는다. 직업적으로 손의 노출이 많은 상담직이나 여성스럽고 세련된 이미지를 추구할 때 적합하다.

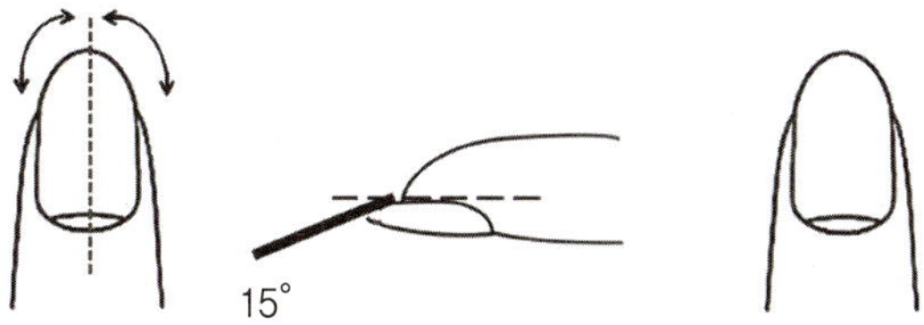

5 포인티드 모양 (Pointed / Almond Shape)

헐리우드 연예인들을 통해 알려진 모양이며 타원형 쉐입보다 10도 각도로 파일을 눕혀서 양쪽 가장자리를 더 파일링한 모양이다. 손가락이 길고 가늘게 보이는 장점이 있지만 네일의 넓이가 좁아져 잘 부러지는 단점이 있다. 따라서 섹시한 디자인 연출에 따라 많이 사용된다.

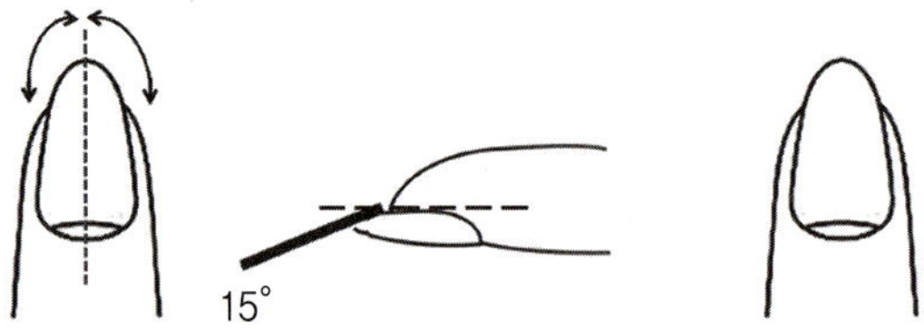

2. 폴리시 (Polish) 바르는 방법

폴리시(Polish)를 바르는 방법은 네일 가운데부터 바르는 방법과 네일 왼쪽부터 바르는 방법이 있다.

- 폴리시는 좌우로 흔들어 사용한다.
- 브러시와 손톱 표면의 각도는 45도 정도가 적합하다.
- 얇게 발라야 빨리 마르고 오래 유지된다.
- 바르는 속도가 빠를수록 광택이 증가한다.
- 펄이 많이 들어있는 폴리시는 양을 많이 묻히지 않고 빠른 속도로 발라준다.
- 무광택 폴리시는 브러시를 약간 세워서 가볍고 빠르게 발라야 줄 생김을 방지한다.

1 풀 코트 (Full Coat)

가장 기본적인 타입으로 손톱 전체에 바르는 방법이다

2 프리에지 코트 (Free Edge Coat)

폴리시가 벗겨지는 것을 미연에 방지하기 위해서 손톱의 끝부분인 프리에지를 바르지 않는 방법이다.

3 헤어라인 팁 코트 (Hairline Tip Coat)

프리에지 방법과 동일한 이유로 일단 전체 코트를 한 후에 1.5mm정도 손톱 끝 부분을 닦아 내는 방법이다.

4 슬림라인 또는 프리 월 코트 (Slimline or Free Wall Coat)

손톱이 가늘고 길게 보이는 효과가 있는 방법으로 손톱 양쪽 옆면을 1.5mm정도 남기고 바른다.

5 하프 문 또는 루눌라 코트 (Half Moon / Lunula Coat)

손톱의 반월 부분을 남겨놓고 바르는 방법이다.

연습 문제

학년 ____________ 학번 ______________________________ 이름 __

팁을 파일링 한 후 붙이시오.

❶ 사각형 네일 (Square Shape)

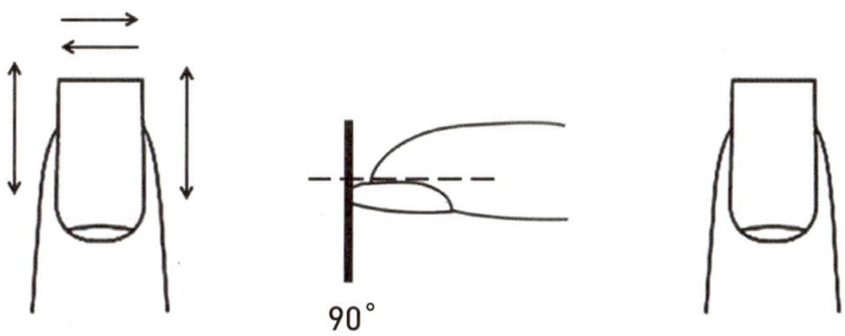

❷ 둥근 사각 네일 (Square-Off/Square-Round Shape)

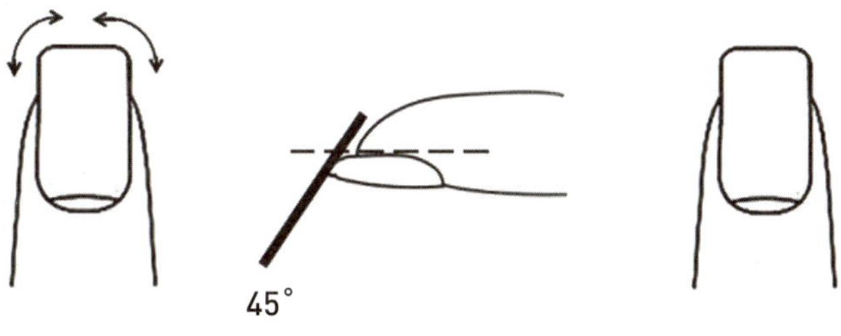

연습 문제

학년 ______________ 학번 ____________________________________ 이름 __

팁을 파일링 한 후 붙이시오.

❸ 둥근형 네일 (Round Shape)

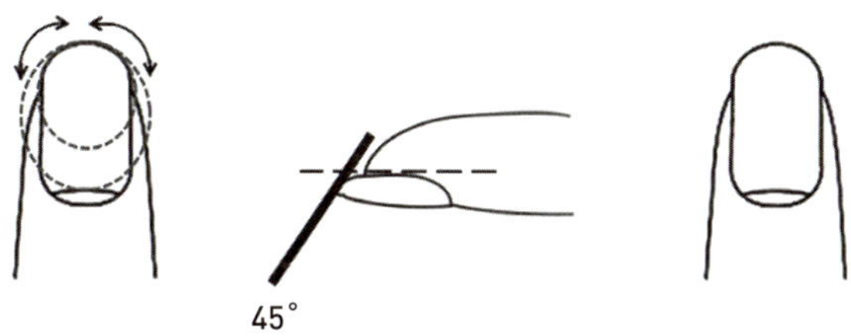

❹ 타원형 네일 (Oval Shape)

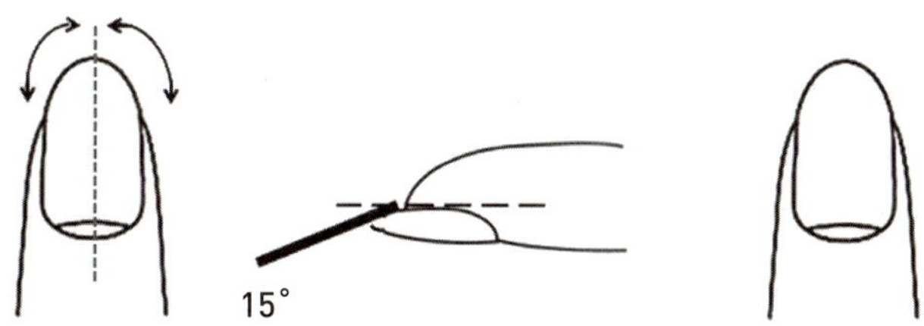

연습 문제

학년 ______________ 학번 ______________________________ 이름 __

팁을 파일링 한 후 붙이시오.

❺ 포인티드 네일 (Pointed/Almond Shape)

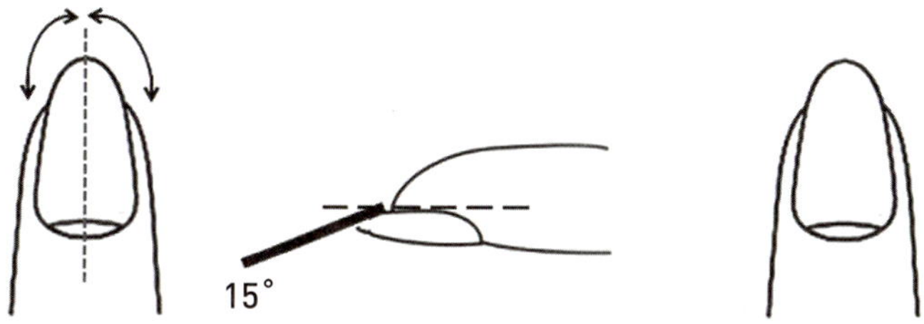

CHAPTER 2

습식 매니큐어

제1장 네일 기본 관리

네일 기본 관리는 네일 미용의 가장 기본이 되는 시술법으로 손톱 모양 만들기, 큐티클 정리하기, 보습제 바르기 등을 말하며, 모든 네일 시술을 하기 전 기초적인 단계라고 할수 있다.

분류번호 : 1201010415_16v3

능력단위 명칭 : 네일 기본 관리

능력단위 정의 : 고객의 네일 보호와 미적 요구 충족을 위하여 효과적인 네일 관리로 프리에지 모양 만들기, 큐티클 정리하기, 보습제 바르기를 할 수 있는 능력이다.

능력단위요소	수행준거
1201010415_16v3.1 프리에지 모양 만들기	1.1 고객의 요청에 따라 네일의 길이를 조절 할 수 있다. 1.2 고객의 요청에 따라 프리에지 모양을 만들 수 있다. 1.3 네일 상태에 따라 표면을 정리할 수 있다. 1.4 프리에지의 거스러미를 정리할 수 있다.
	【지 식】
	○ 파일별 사용 방법의 이해 ○ 프리에지 모양의 이해 ○ 프리에지 모양 다듬는 방법의 이해 ○ 네일 구조에 대한 지식

<table>
<tr><th>능력단위요소</th><th>수 행 준 거</th></tr>
<tr><td rowspan="4">1201010415_16v3.1
프리에지 모양 만들기</td><td>【기 술】</td></tr>
<tr><td>○ 파일별 사용 능력
○ 프리에지 모양을 다듬는 능력
○ 네일 구조 파악 능력</td></tr>
<tr><td>【태 도】</td></tr>
<tr><td>○ 파일작업 시 고객을 배려하는 자세
○ 파일작업을 위한 바른 자세</td></tr>
<tr><td rowspan="3">1201010415_16v3.2
큐티클 부분 정리하기</td><td>2.1 큐티클 부분을 유연하게 하기 위해 핑거볼에 손 담그기를 할 수 있다.
2.2 큐티클 부분을 유연하게 하기 위해 족욕기에 발 담그기를 할 수 있다.
2.3 큐티클 부분을 유연화 하기 위해 큐티클 유연제를 선택하여 사용할 수 있다.
2.4 큐티클 부분 정리 작업 과정에 따라 도구를 선택할 수 있다.
2.5 큐티클 부분의 상태에 따라 큐티클 부분을 정리할 수 있다.
2.6 정리된 큐티클 부분을 소독할 수 있다.</td></tr>
<tr><td>【지 식】</td></tr>
<tr><td>○ 큐티클 부분 상태 분별에 관한 지식
○ 큐티클 부분의 구조에 관한 지식
○ 네일 폴드에 관한 지식
○ 핑거볼 사용 방법에 관한 지식
○ 족욕기 사용 방법에 관한 지식
○ 큐티클 유연제에 관한 지식
○ 큐티클 부분의 정리도구에 관한 지식
○ 큐티클 부분의 정리 방법에 관한 지식</td></tr>
</table>

능력단위요소	수행준거
1201010415_16v3.2 큐티클 부분 정리하기	【기 술】 ○ 큐티클 부분의 상태 분별 능력 ○ 큐티클 부분의 구조 파악 능력 ○ 네일 폴드의 파악 능력 ○ 핑거볼 사용 능력 ○ 족욕기 사용 능력 ○ 큐티클 부분 유연제 사용 능력 ○ 큐티클 부분 정리도구 사용하여 작업하는 기술 【태 도】 ○ 큐티클 부분 정리 시 고객을 배려하는 자세 ○ 큐티클 부분 정리 위한 바른 자세 ○ 큐티클 부분 정리도구의 안전한 사용 자세
1201010415_16v3.3 보습제 도포하기	3.1 피부 상태에 따라 제품을 선택할 수 있다. 3.2 제품의 종류에 따라 각질 제거를 용이하게 할 수 있다. 3.3 보습 제품을 사용하여 각질 제거 부위를 정돈할 수 있다. 3.4 보습제의 사용하여 손·발을 부드럽게 할 수 있다. 【지 식】 ○ 해부 생리에 관한 지식 ○ 피부 구조의 이해 ○ 보습제 효능의 이해 ○ 보습제 성분이해 ○ 보습제 사용 방법의 이해 ○ 각질제거 원리의 이해 ○ 각질제거제 사용 방법의 이해 【기 술】 ○ 보습 제품의 사용 능력 ○ 각질제거제 사용 능력

능력단위요소	수 행 준 거
1201010415_16v3.3 **보습제 도포하기**	【태 도】 ○ 고객을 배려하는 자세 ○ 보습제 도포하기 위한 바른 자세 ○ 각질 제거 고객을 배려하는 자세 ○ 각질 제거를 위한 바른 자세

준비물

1. 네일 기본세트(손 소독제, 폴리시 리무버, 우드스틱, 파일(100~180Grit), 샌딩, 알코올, 큐티클 연화제, 큐티클 오일, 더스트 브러시, 3-Way, 샤이너 & 광버퍼)
2. 보습제
3. 핑거볼
4. 큐티클 니퍼
5. 큐티클 푸셔

[시술 순서]

01 손 소독

솜에 소독제를 묻혀 시술자의 손을 먼저 닦아내고 모델의 손을 소독한다.

02 폴리시 (Polish) 제거하기

폴리시 리무버를 솜에 적당량 묻혀 손톱 표면 위에 약 5초간 놓아 두었다가 아래로 닦아낸다. 손톱 주변에 지워지지 않은 폴리시나 프리에지 부분은 오렌지 우드스틱에 솜을 말아 리무버를 묻힌 후 제거한다.

03 손톱 길이 및 모양 잡기

적당한 모양과 길이로 파일링하고 자연 네일이 상하지 않도록 부드러운 그릿수의 파일을 선택하여 사용한다. 손톱의 길이는 되도록 파일을 사용하여 바깥쪽에서부터 중앙쪽의 한 방향으로 다듬는다. 단, 손톱의 길이가 너무 길 경우 클리퍼로 손톱을 자른 다음 파일을 사용하여 다듬는다.

04 손톱 표면 버핑하기

자연 네일의 표면을 정리할 때는 부드러운 샌딩 블록을 사용하여 손톱 면의 거친 부분을 매끄럽게 정리해 준다. 쉐입 파일링 후 남는 손톱 밑의 거스러미 등은 라운드 패드를 사용하여 제거한다.

05 핑거볼에 한 손 담그기

큐티클 리무버를 바른 후 핑거볼에 손을 담근 후 다른 한 손에 ③~⑤까지 시술한다.

06 물기 제거하고 오일 바르기

담궜던 한 손을 꺼내 물기를 제거하고 큐티클을 유연하게 하고 시술하는 동안 건조하지 않도록 큐티클 오일을 바른다.

07 푸셔로 큐티클 밀기

네일 표면이 긁히지 않도록 주의하면서 45도 각도로 연필 잡는 방법으로 잡고 큐티클을 조심스럽게 밀어 올려준다.

08 큐티클 정리하기

니퍼를 사용하여 불필요한 큐티클을 정리한다. 니퍼를 뒤로 빼면서 잘라내야 거스러미가 덜 생기므로 한쪽 방향으로 잘라낸다. 니퍼날이 날카로우므로 주의하여 다룬다.

09 손 소독하기

안티셉틱을 뿌려 소독함으로 예민해진 큐티클에 세균의 침투를 미연에 방지한다.

평가시 고려사항

- 수행준거에 제시되어 있는 내용을 성공적으로 수행할 수 있는지를 평가해야 한다.
- 평가자는 다음 사항을 평가해야 한다.
  - 파일별 사용의 적합 여부
  - 프리에지 모양을 만들 수 있는 능력
  - 네일 구조에 대한 지식 적용 여부
  - 올바른 핑거볼, 족욕기 사용 능력
  - 올바른 큐티클 유연제 사용 능력
  - 올바른 큐티클 부분 정리도구 사용 능력
  - 큐티클 부분을 정리하는 능력
  - 피부 구조에 대한 지식
  - 각질 제거제 사용 방법에 대한 지식
  - 올바른 보습제 도포 지식과 사용 능력

제2장 매니큐어 (Manicure)

1. 습식 매니큐어

네일 미용의 가장 기본이 되는 시술법으로 손톱 모양 만들기, 큐티클 정리, 마사지, 컬러링이 포함된다. 매니큐어는 크게 습식 매니큐어와 건식 매니큐어로 구분할 수 있다. 습식 매니큐어는 핑거볼에 손을 담가 큐티클 정리를 하는 과정이며, 건식 매니큐어는 핑거볼에 손을 담그는 대신 큐티클 리무버 또는 오일을 큐티클에 발라 정리하는 과정을 말한다.

습식 매니큐어는 손의 청결과 마사지를 비롯하여 컬러링 및 팁 시술 전에 하는 가장 기본적인 시술이다.

준비물

① 핑거볼	② 타월	③ 폴리시 리무버	④ 안티셉틱	⑤ 디스펜서
⑥ 3-way버퍼	⑦ 핸드로션	⑧ 오일	⑨ 폴리시	⑩ 큐티클 리무버
⑪ 네일 보강제	⑫ 탑코트	⑬ 베이스코트	⑭ 더스트브러쉬	⑮ 지혈제
⑯ 샌딩파일	⑰ 에머리보드	⑱ 오렌지우드스틱	⑲ 네일클리퍼	⑳ 디스크패드
㉑ 탈지면	㉒ 푸셔	㉓ 큐티클 니퍼		

시술전 준비

❶ 70%알코올로 테이블을 소독한다.
❷ 사용할 소도구들을 미리 위생소독기에 담근다 (최소한 20분전에).
❸ 위생처리된 타월을 준비해 테이블 위에 깔아놓는다.
❹ 모든 제품들은 손이 닿기 편한 위치에 진열한다.
❺ 핑거볼에 살균비누를 넣은 따뜻한 물을 준비한다.

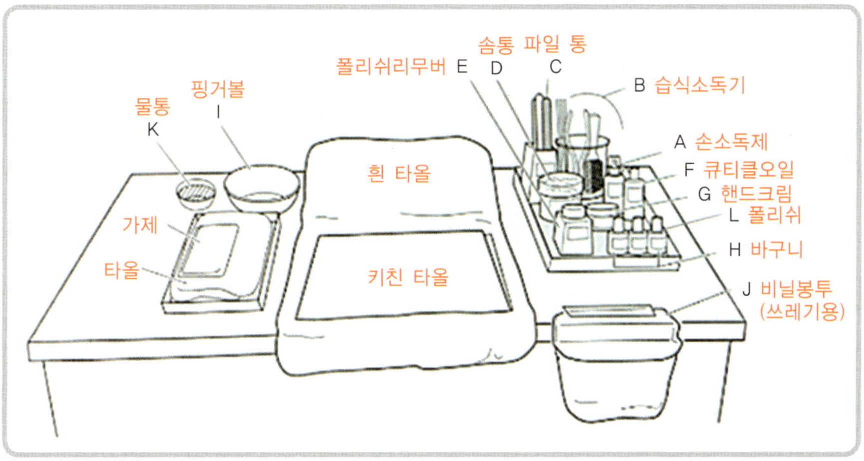

테이블 셋팅의 기본 구조

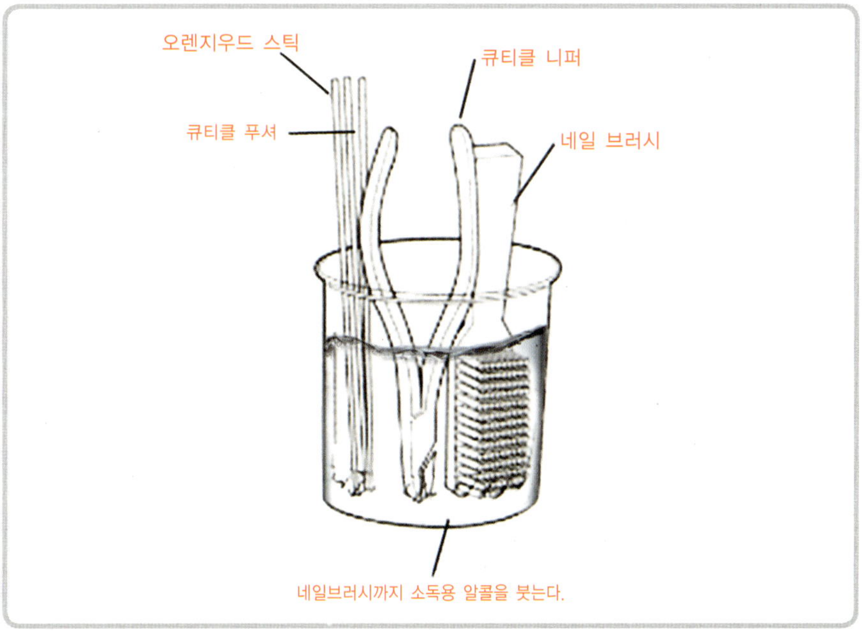

B 습식 소독기 (확대 그림)

[시술 순서]

01 손 소독

솜에 소독제를 묻혀 시술자의 손을 먼저 닦아내고 모델의 손을 소독한다.

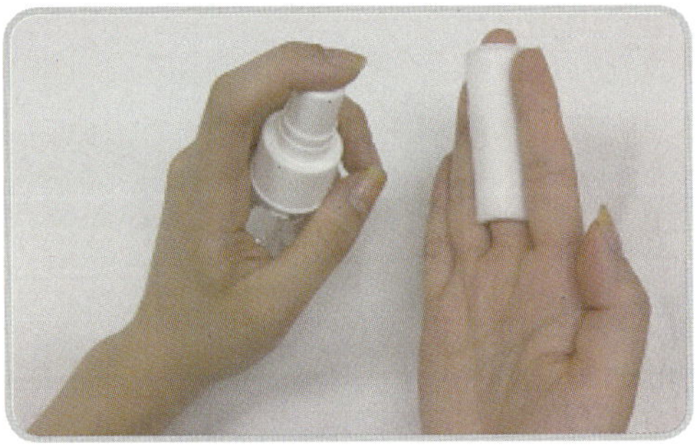

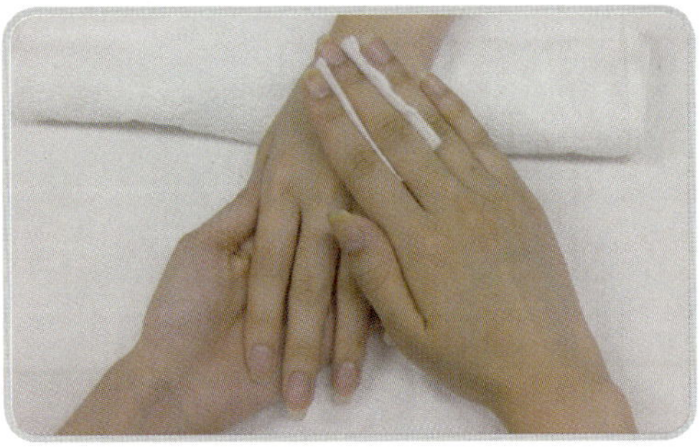

02 폴리시 (Polish) 제거하기

폴리시 리무버를 솜에 적당량 묻혀 손톱 표면 위에 약 5초간 놓아 두었다가 아래로 닦아낸다. 손톱 주변에 지워지지 않은 폴리시나 프리에지 부분은 오렌지 우드스틱에 솜을 말아 리무버를 묻힌 후 제거한다.

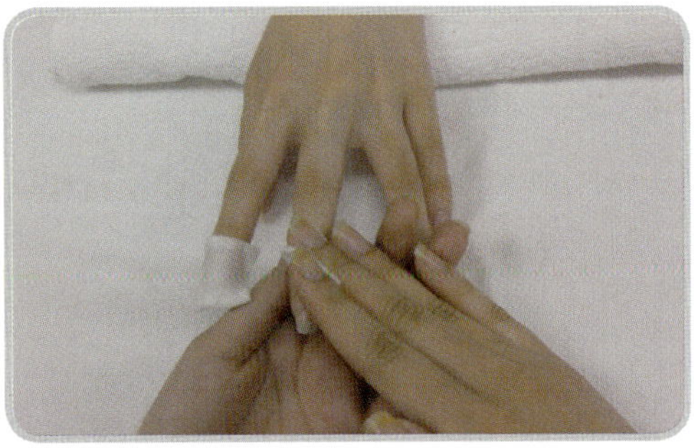

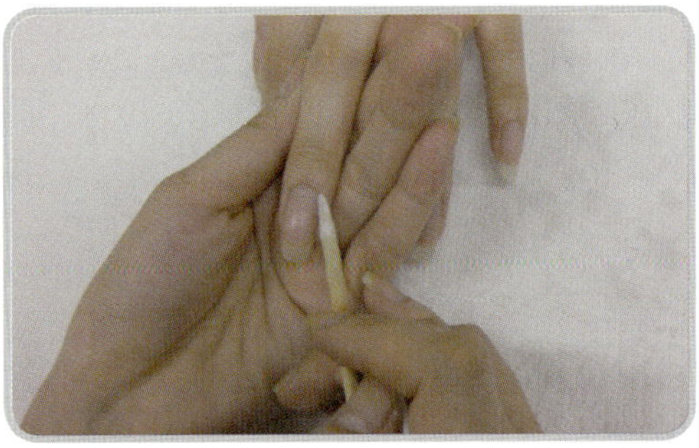

03 손톱 길이 및 모양 잡기

적당한 모양과 길이로 파일링하고 자연 네일이 상하지 않도록 부드러운 그릿수의 파일을 선택하여 사용한다. 손톱의 길이는 되도록 파일을 사용하여 바깥쪽에서부터 중앙쪽의 한 방향으로 다듬는다. 단, 손톱의 길이가 너무 길 경우 클리퍼로 손톱을 자른 다음 파일을 사용하여 다듬는다.

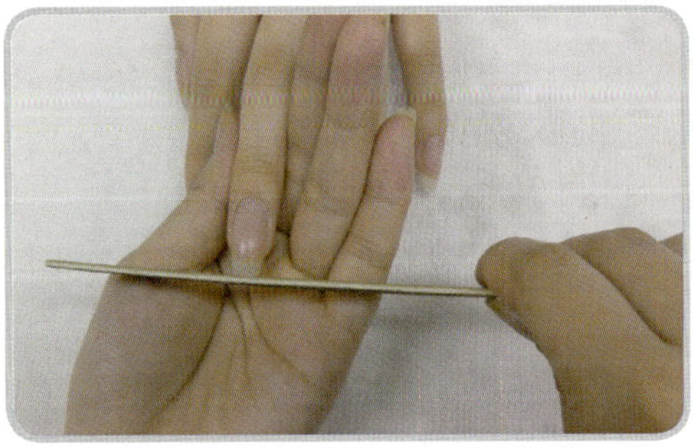

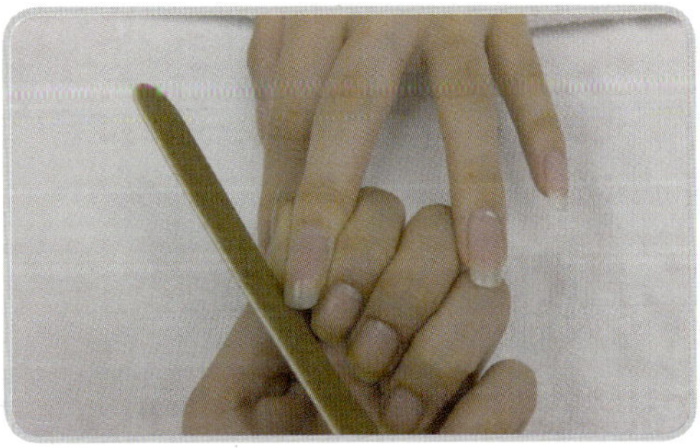

04 손톱 표면 버핑하기

자연 네일의 표면을 정리할 때는 부드러운 샌딩 블록을 사용하여 손톱 면의 거친 부분을 매끄럽게 정리해 준다. 쉐입 파일링 후 남는 손톱 밑의 거스러미 등은 라운드 패드를 사용하여 제거한다.

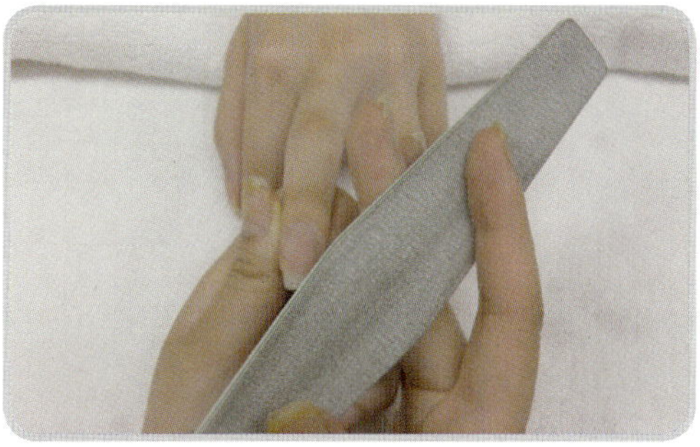

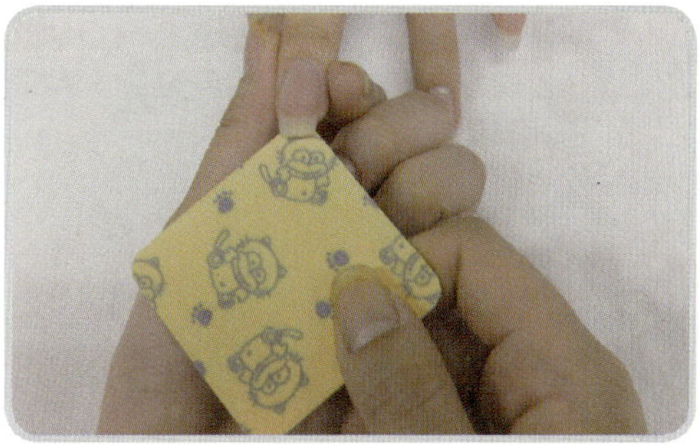

05 핑거볼에 한 손 담그기

큐티클 리무버를 바르고 핑거볼에 손을 담근 후 다른 한 손에 ③~⑤까지 시술한다.

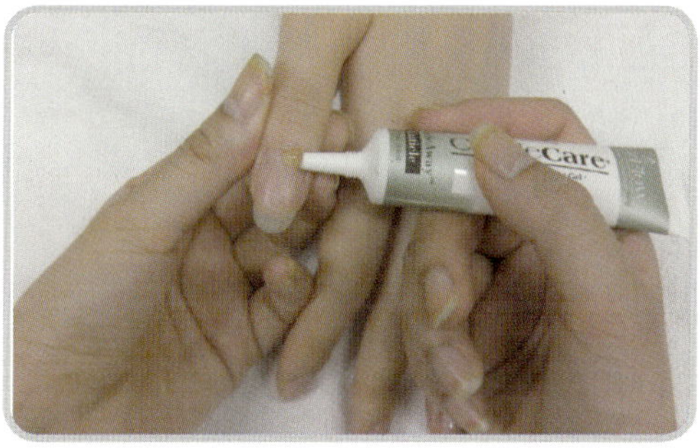

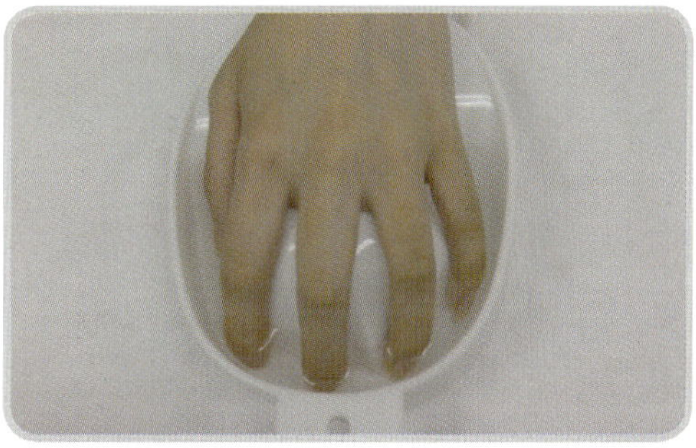

06 물기 제거하고 오일 바르기

담궜던 한 손을 꺼내 물기를 제거하고 큐티클을 유연하게 하고 시술하는 동안 건조하지 않도록 큐티클 오일을 바른다

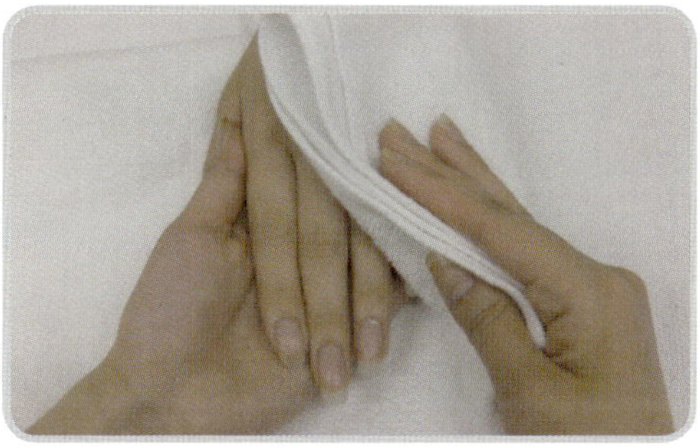

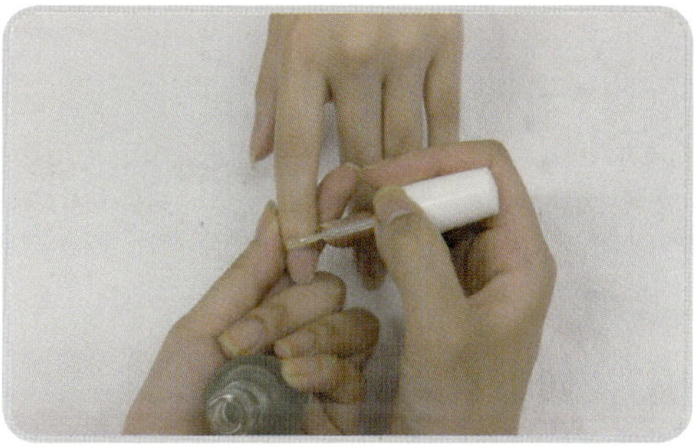

07 푸셔로 큐티클 밀기

네일 표면이 긁히지 않도록 주의하면서 45도 각도로 연필 잡는 방법으로 잡고 큐티클을 조심스럽게 밀어 올려준다.

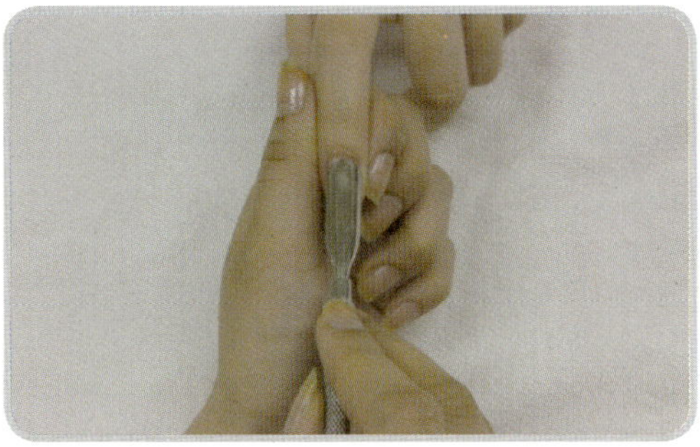

08 큐티클 정리하기

니퍼즈를 사용하여 불필요한 큐티클을 정리한다. 니퍼를 뒤로 빼면서 잘라내야 거스러미가 덜 생기므로 한쪽 방향으로 잘라낸다. 니퍼날이 날카로우므로 주의하여 다룬다.

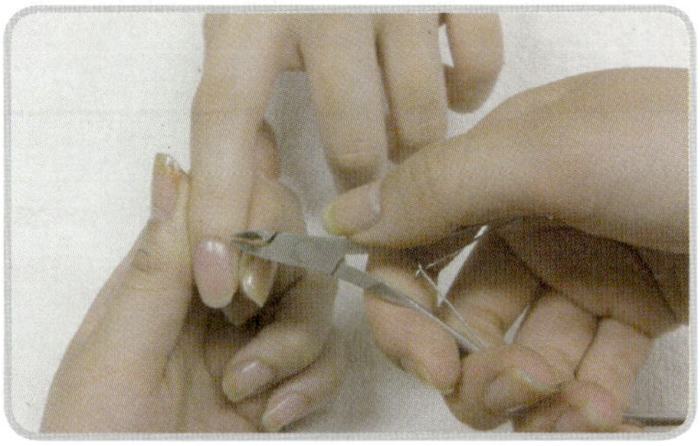

09 손 소독하기

안티셉틱을 뿌려 소독함으로 예민해진 큐티클에 세균의 침투를 미연에 방지한다.

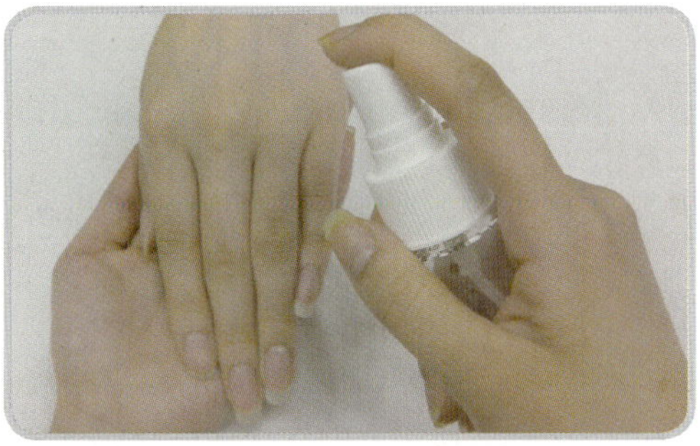

10 마사지하기

팔과 손에 핸드로션을 바르고 마사지를 시술한다. 마사지는 근육이완과 혈액순환을 도와 고객이 편안함을 느낄 수 있도록 해준다. 또한 마사지 하는 동안 로션의 흡수로 부드럽고 촉촉한 피부로 가꿀 수 있다

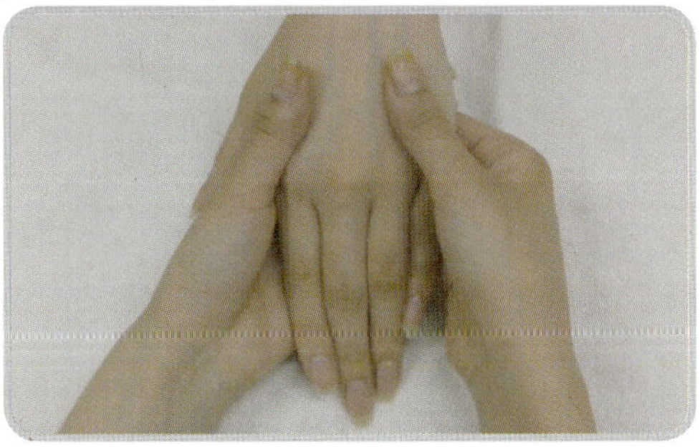

11 유분 제거하기

마사지 후 핫 타월로 손 전체의 유분기를 제거한다. 이 때 손톱도 세심하게 타월 또는 가제로 닦아주어야 유분기 제거에 효과적이다. 오렌지 우드스틱에 솜을 말아 리무버를 묻혀 네일 표면과 프리에지 부분까지 깨끗히 닦아 유분기를 제거한다.

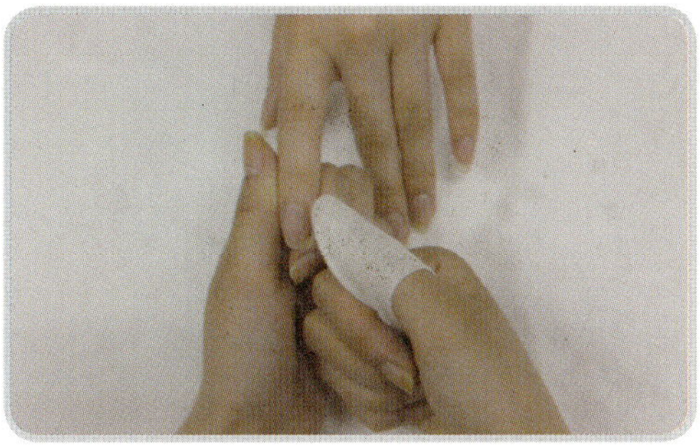

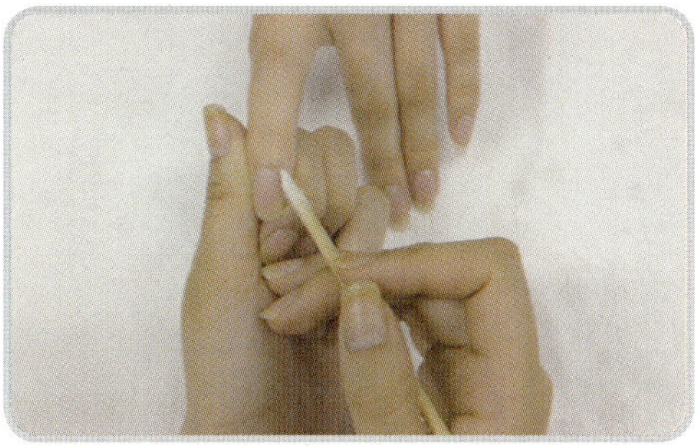

12 베이스 코트 바르기

베이스 코트를 가능한 한 얇게 1회 전체 발라준다. 릿지필러, 네일하드너 등을 사용할 수도 있다.

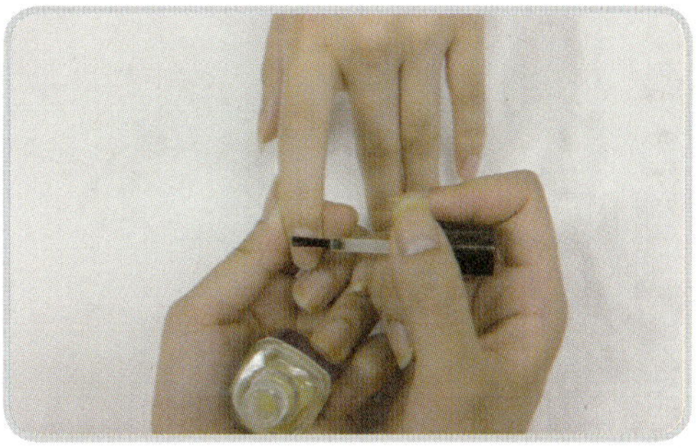

13 폴리시 바르기

고객이 원하는 폴리시를 2~3회 얇게 펴서 바른다. 네일의 양 옆과 프리에지 부분까지 세심하게 바른다. 이때 왼손의 소지부터 오른손의 엄지까지 1회 바르고 다시 한번 반복하여 바른다. 또한 프리에지 부분까지 깔끔하게 발라준다.

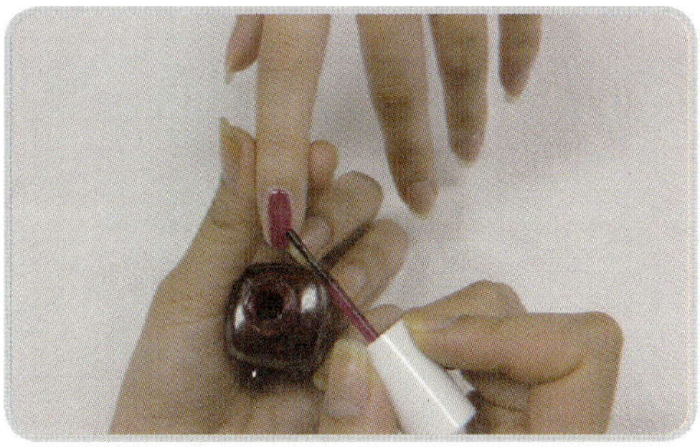

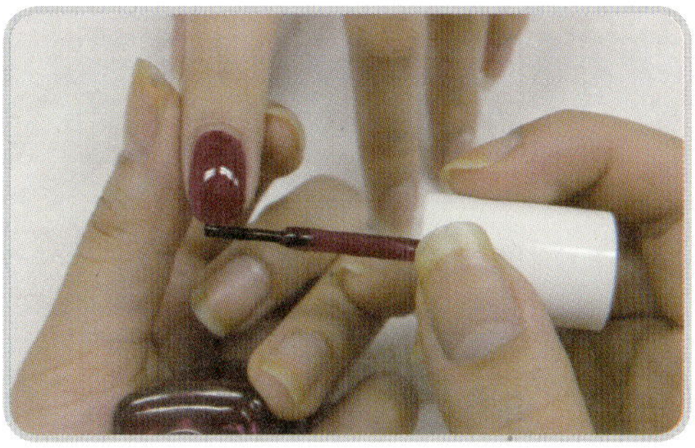

14 폴리시 수정하기

손톱 주변 피부에 묻은 폴리시는 오렌지 우드 스틱에 솜을 말아 리무버를 묻혀 닦아낸다.

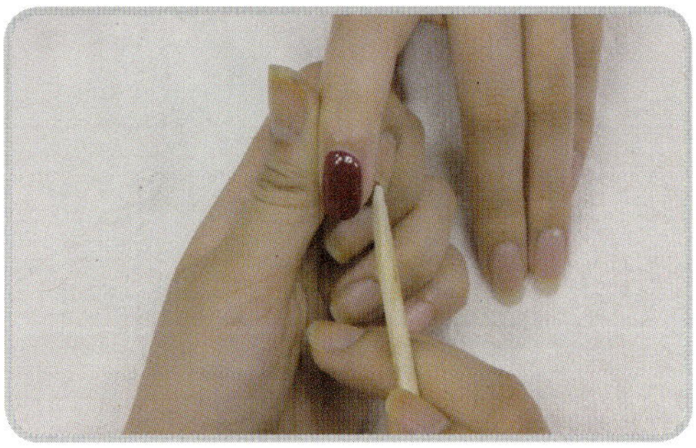

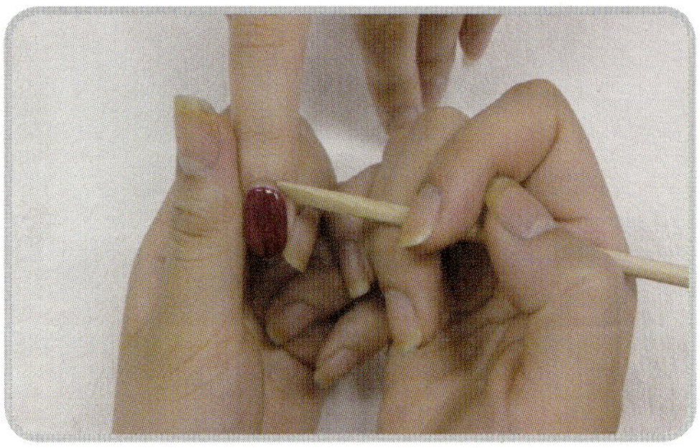

15 탑 코트 바르기

탑 코트는 폴리시가 빨리 벗겨지는 것을 방지하고 광택을 주어 코팅의 역할을 한다. 폴리시가 어느 정도 건조된 후 베이스보다는 약간 두껍게 1회 바른다. 프리에지 부분까지 발라 주어야 색상이 오래 지속된다.

2. 파라핀 매니큐어

파라핀은 혈액순환이나 관절이 좋지않을 때 병원에서 사용하던 물리치료 방법 중 하나이다. 여기에 콜라겐과 비타민 E, 유칼립투스 등의 식물성 오일을 첨가하여 손, 발 관리에 사용하였다. 파라핀의 발열작용은 혈액순환을 도와주어 손과 발의 피로를 덜어주고 파라핀성분이 피부에 침투하여 보습 및 영양을 공급함으로써 건성 피부를 탄력있게 하고 노화된 피부를 재생시키는 효과도 있다. 단, 습진 피부나 상처가 있는 피부 또는 데인 피부 등에는 시술하지 않는다.

준비물

1. 습식 매니큐어 재료
2. 파라핀 왁스
3. 파라핀 워머
4. 파라핀 미용장갑
5. 비닐주머니

[시술 순서]

01 손 소독하기

솜에 소독제를 묻혀 시술자의 손을 먼저 닦아내고 피시술자의 손을 닦아낸다.

02 폴리시 (Polish) 제거하기

폴리시 (Polish) 리무버를 솜에 적당량 묻혀 손톱 표면 위에 약 5초간 놓아두었다가 아래로 닦아낸다. 손톱 주변에 지워지지 않은 폴리시 (Polish)나 프리 에지 부분은 오렌지 우드스틱에 솜을 말아 리무버를 묻힌 후 제거한다.

03 손톱 길이 및 모양 잡기

고객과 상의 후 적당한 모양과 길이로 파일링하고 자연 네일이 상하지 않도록 부드러운 그릿수의 파일을 선택하여 사용한다. 손톱의 길이는 되도록 파일을 사용하여 바깥쪽에서부터 중앙쪽의 한 방향으로 다듬는다. 단, 손톱의 길이가 너무 길 경우 클리퍼를 사용하여 어느 정도까지만 잘라내고 파일을 사용하여 원하는 길이까지 다듬는다.

04 네일 표면 버핑하기

자연 네일의 표면을 정리할 때는 부드러운 샌딩 블록을 사용하며 쉐입 파일링 후 남는 손톱 밑의 거스러미 등은 라운드 패드를 사용하여 제거한다.

05 핑거볼에 한 손 담그기

큐티클 리무버를 바른 후 버핑까지 끝낸 손을 담근 후 다른 한 손에 ③~⑤까지 시술한다.

06 물기 제거하고 오일 바르기

시술하는 동안 건조하지 않도록 큐티클 오일을 바른다.

07 푸셔로 큐티클 밀기

네일 표면이 긁히지 않도록 주의하면서 45도 각도로 연필 잡는 방법으로 잡고 큐티클을 조심스럽게 밀어올려 준다.

08 큐티클 정리하기

니퍼를 사용하여 불필요한 큐티클을 정리한다. 니퍼를 뒤로 빼면서 잘라내야 거스러미가 덜 생기므로 한쪽 방향으로 잘라낸다. 니퍼날이 날카로우므로 주의하여 다룬다.

09 손 소독하기

안티셉틱을 뿌려 예민해진 큐티클에 세균 등의 침투를 미연에 방지한다.

10 베이스 코트 바르기

베이스 코트를 바르지 않으면 파라핀의 유분기로 인해 시술 후 폴리시 (Polish)가 잘 밀착되지 못한다. 따라서 베이스를 건조 후 파라핀을 시술한다.

11 파라핀에 손 담그기

파라핀 바닥에 닿지 않도록 주의하며 파라핀에 손을 담근다. 담그기 전에 손에 아로마 오일이나 보습 로션을 발라주면 더욱 효과적이다.

12 파라핀 밖으로 손 꺼내기

⑪~⑫를 2~3회 반복한다.

13 장갑 씌우기

비닐 팩과 미용장갑을 씌운다. 열이 식는 것을 방지하여 충분한 보습효과를 줄 수 있다.

14 파라핀 제거하기

약 10~20분 후 파라핀을 벗겨낸다. 한 번 사용한 파라핀 왁스는 재활용하지 않는다.

15 유분 제거하기

오렌지 우드스틱에 솜을 말아 리무버를 묻혀 네일 표면과 프리에지 부분까지 깨끗히 유분기를 제거한다.

16 베이스 코트 바르기

베이스 코트를 가능한 한 얇게 1회 전체 코트한다.

17 폴리시 (Polish) 바르기

고객이 원하는 폴리시 (Polish)를 2~3회 얇게 펴서 바른다. 네일의 양 옆과 프리 에지까지 세심하게 바르고 손톱 주변 피부에 묻은 폴리시 (Polish)는 우드 스틱에 솜을 말아 리무버를 묻혀 닦아낸다.

18 탑 코트 바르기

에나멜이 어느 정도 건조된 후 베이스보다는 약간 두껍게 1회 바른다.

제3장 패디큐어 (Pedicure)

1. 패디큐어란

패디큐어 (Pedicure)의 pedi란 라틴어의 페누스 (Penus)라고 하여 발을 뜻하며 큐어 (Cure)는 영어의 관리, 보호 등의 뜻을 가지고 있다. 발과 발톱을 손질하고 색을 바르는것 이외에도 발 마사지를 통하여 피로를 풀어주며 청결하고 아름답게 가꾸는 발 미용이다.

준비물

습식 매니큐어재료, 항균비누, 토우세퍼레이터, 패디화일, 콘커터, 족탕기, 스크럽제

시술전 준비

- 패디큐어 재료정리 및 기구를 소독한다.
- 족탕기에 항균비누를 섞은 따뜻한 물을 준비한다.
- 발 받침대에 타올을 얹는다.
- 화학성분이 함유되어 있는 준비물에 이름표를 접착한다.
- 고객의 발톱의 이상 유무를 확인하여 시술 불가능한 경우 의사의 검진을 받도록 한다.

[시술 순서]

01 손 소독하기

시술자의 손을 항균소독제로 먼저 소독한다.

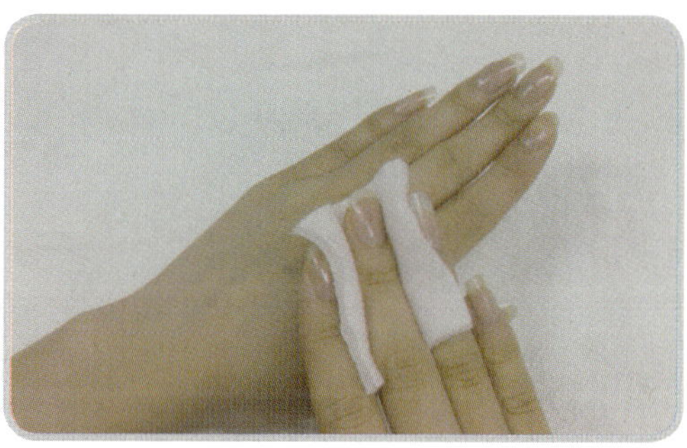

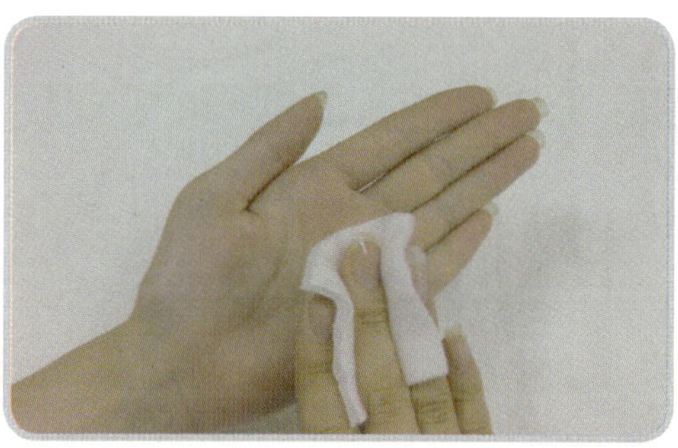

02 발 소독하기

고객의 발을 안티셉틱으로 소독한다.

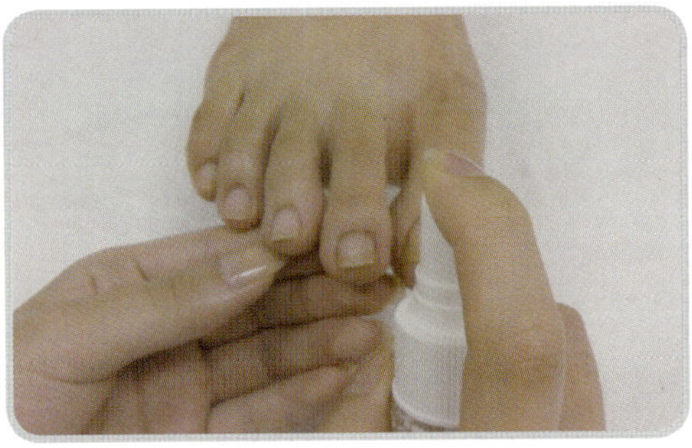

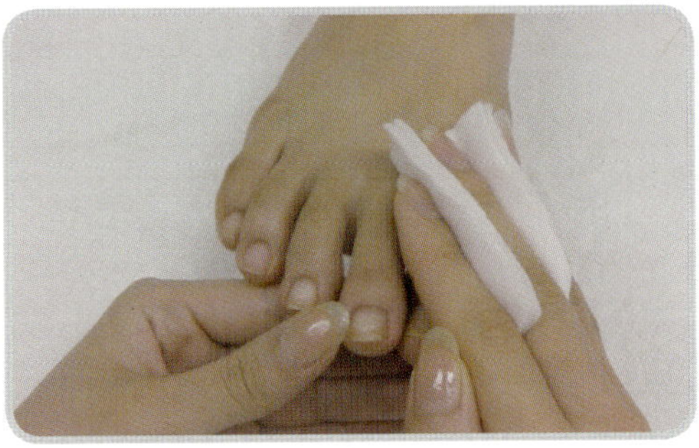

03 폴리시 제거하기

솜에 리무버를 묻혀 발톱에 얹었다가 문지르듯 닦아준다. 주변의 덜닦인부분은 우드스틱에 솜을 말아 리무버를 묻혀 깨끗하게 제거한다.

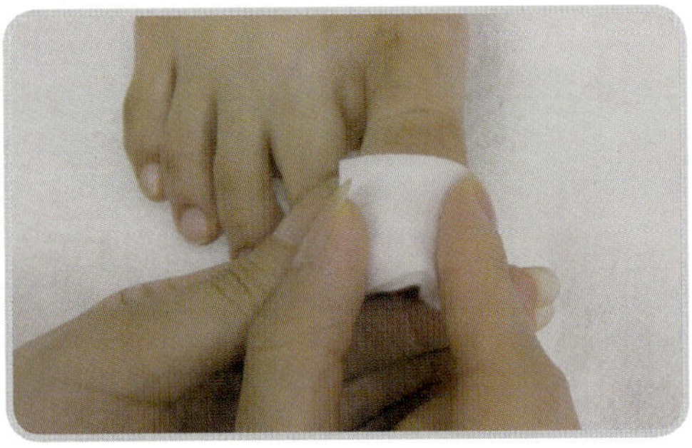

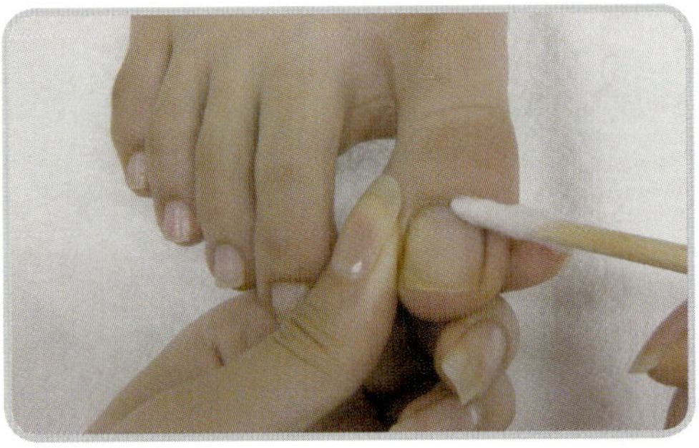

04 발톱길이 및 모양다듬기

발톱의 모양은 일자로 다듬고 코너만 날카롭지 않게 살짝 다듬어 준다. 라운드패드로 거스러미를 제거하고 표면이 거칠거나 기복이 심한 고객은 샌딩버퍼로 표면을 매끄럽게 다듬어 준다.

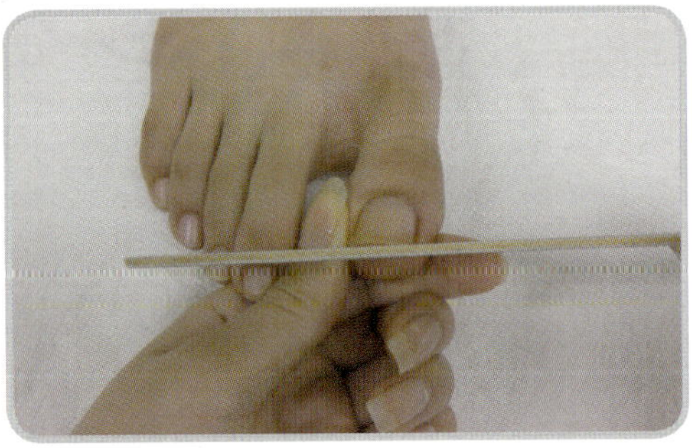

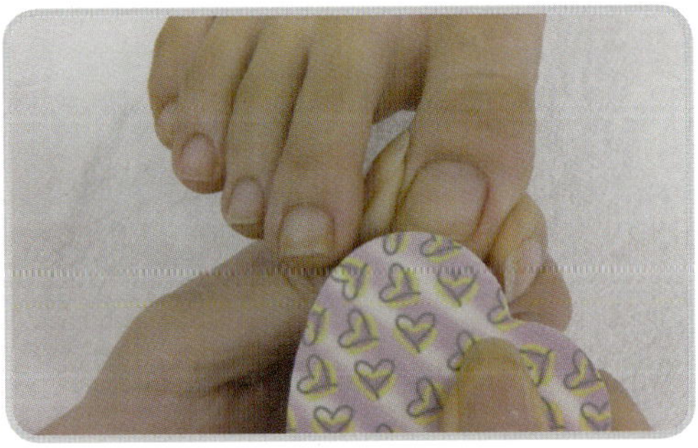

05 샌딩하기

발톱 표면을 샌딩 블록으로 매끄럽게 정리해 준후 더스트 브러시로 먼지를 털어 낸다.

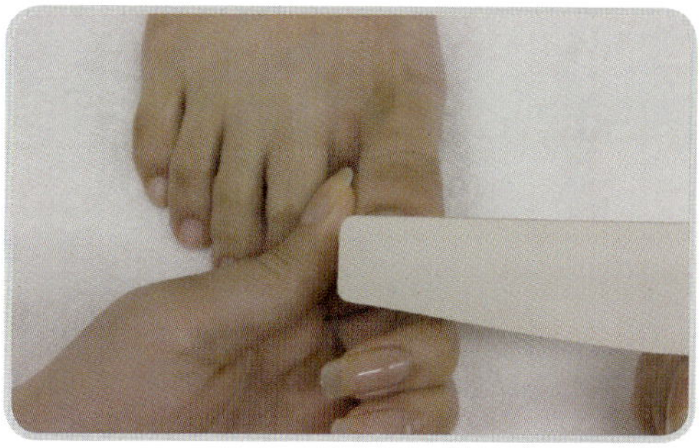
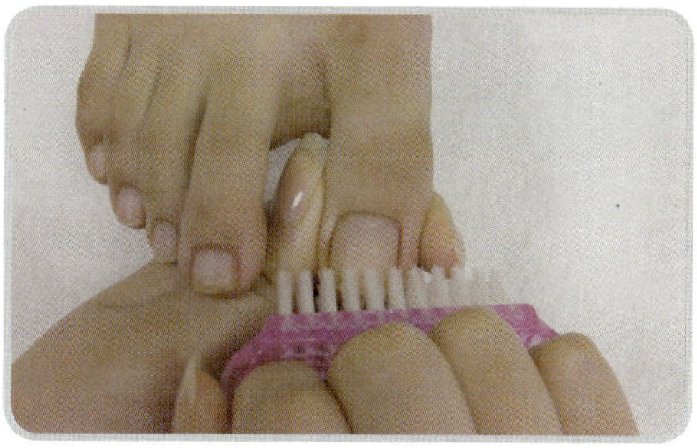

06 족탕기에 발 담그기

굳은살을 불리기 위해 5~10분 정도 발을 담가준다. 족탕기가 없을 시에는 분무기를 이용한다.

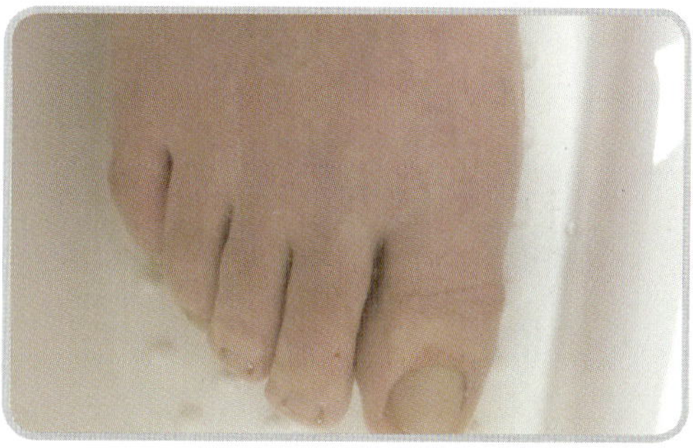

07 큐티클 리무버 또는 오일 바르기

모양다듬기가 끝난 왼발을 물속에 먼저 담그고 오른발도 반복 시술하여 정리가 끝나면 물에 5분~10분정도 발을 불린다.

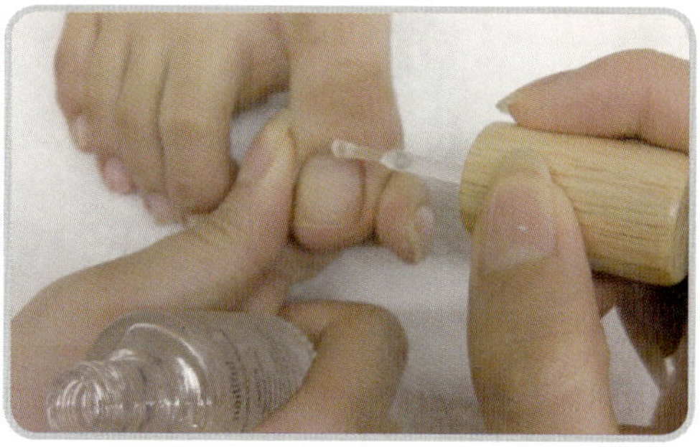
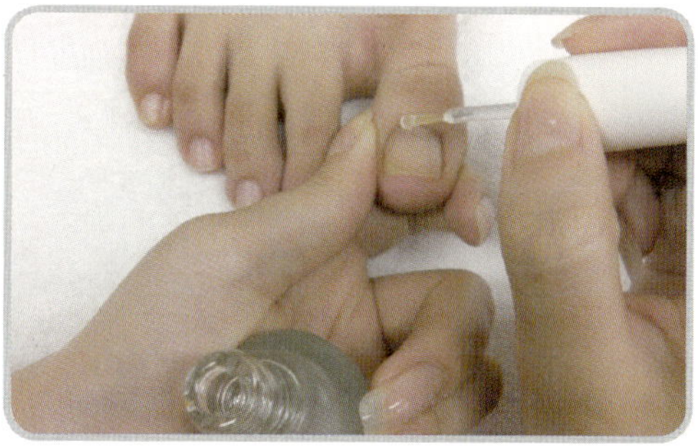

08 큐티클 정리하기

왼발을 꺼내 타월로 물기를 제거하고 큐티클오일을 바른다. 푸셔로 큐티클을 밀어올리고 니퍼를 이용해 큐티클을 정리한다.

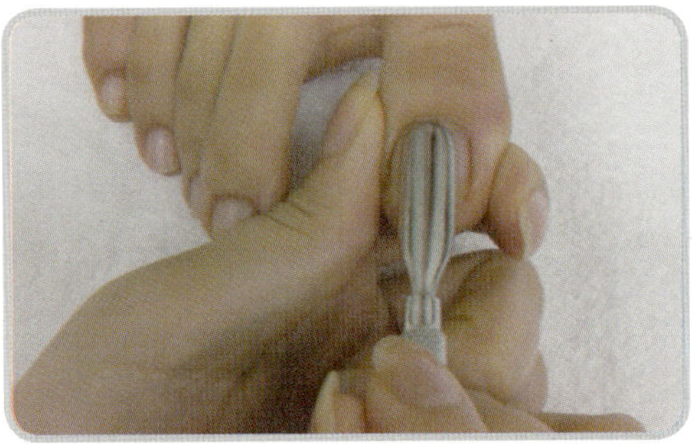

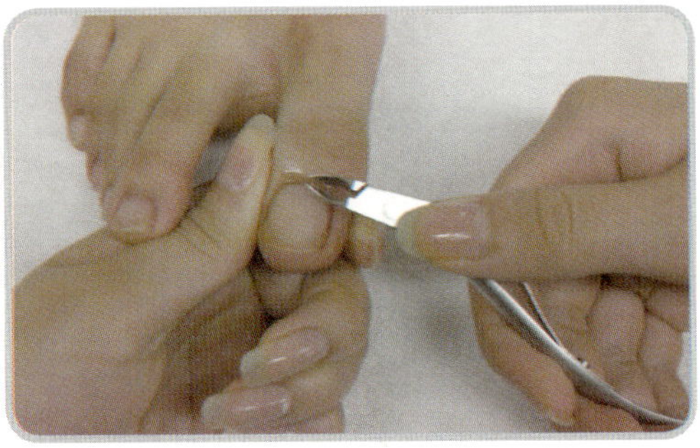

※ 주의사항 : 푸셔로 밀때 발톱에 상처나지 않도록 세게 밀지 않는다. 큐티클은 1mm정도 남기고 정리한다. 세균 감염에 주의한다.

09 큐티클 주위 소독하기

예민해진 큐티클에 세균의 침투를 막기 위해 손과 발을 다시 소독한다.

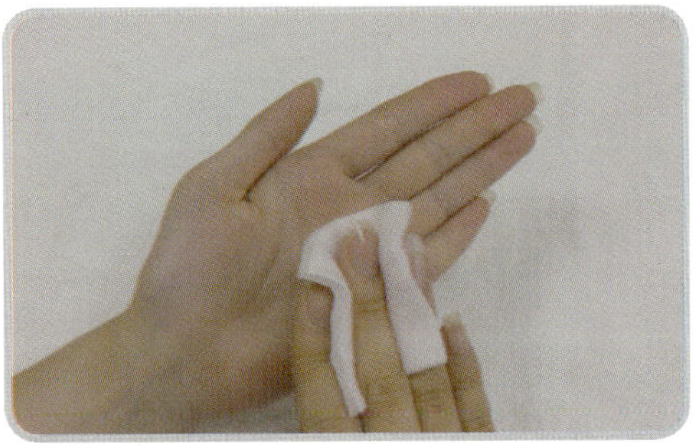

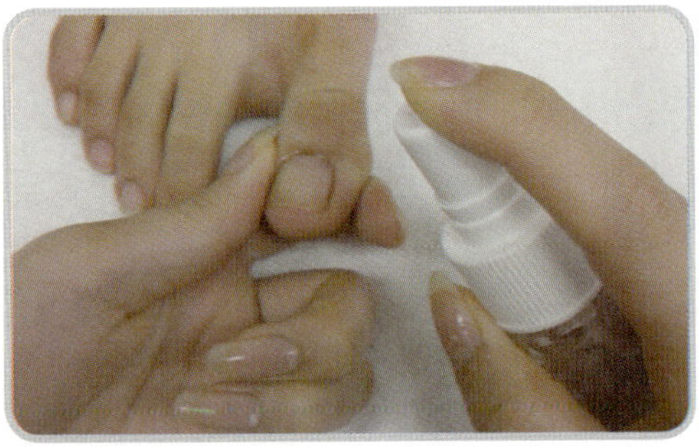

10 각질 제거하기

먼저 충분히 불린 굳은살을 콘커터를 이용해 안쪽에서 바깥쪽으로 제거한다. 패디화일에 스크럽제를 묻혀 발뒤꿈치를 포함한 발바닥전체를 문질러 준 뒤 물에 헹구어 물기를 닦는다.

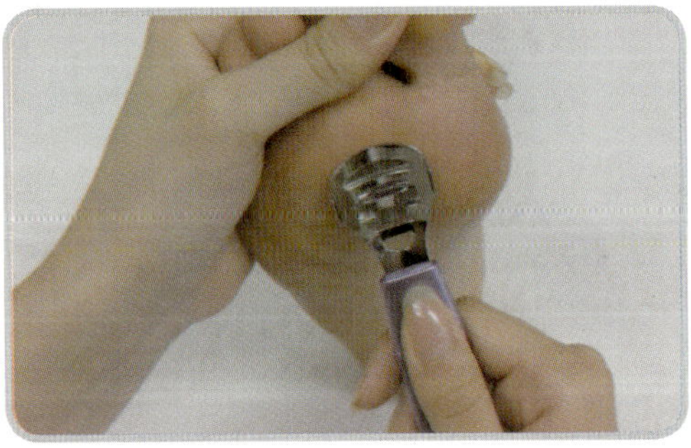

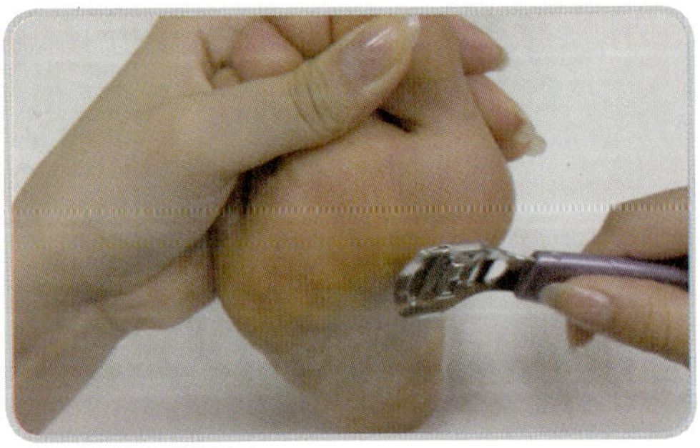

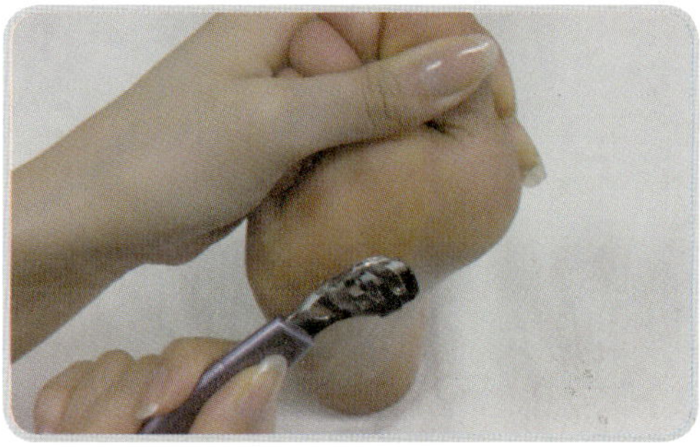

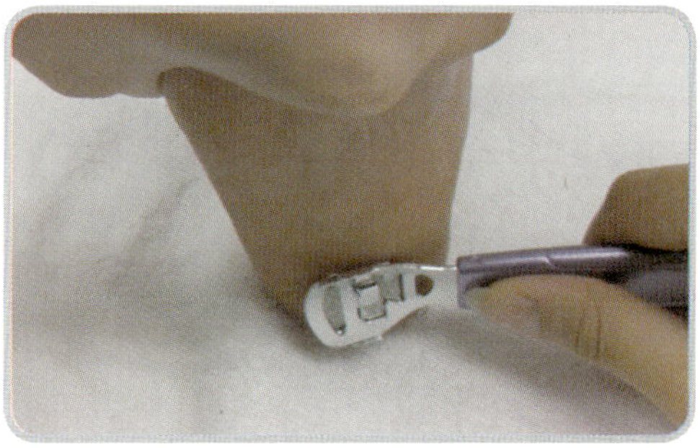

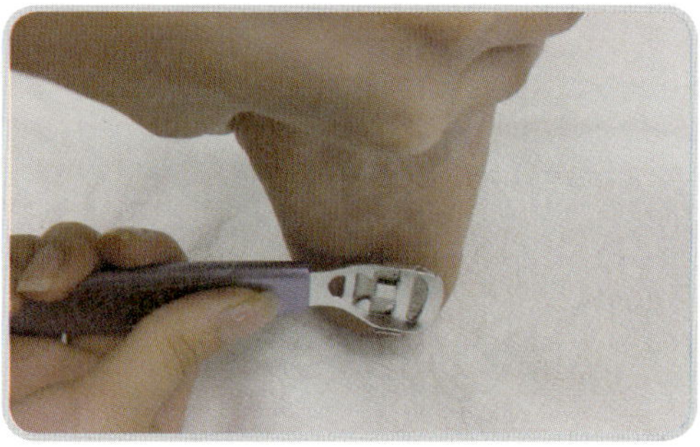

11 패디 파일하기

패디 파일에 로션이나 크림을 묻혀 발뒤꿈치 족문의 결대로 안쪽에서 바깥쪽으로 10~20초 정도 문질러 준다.

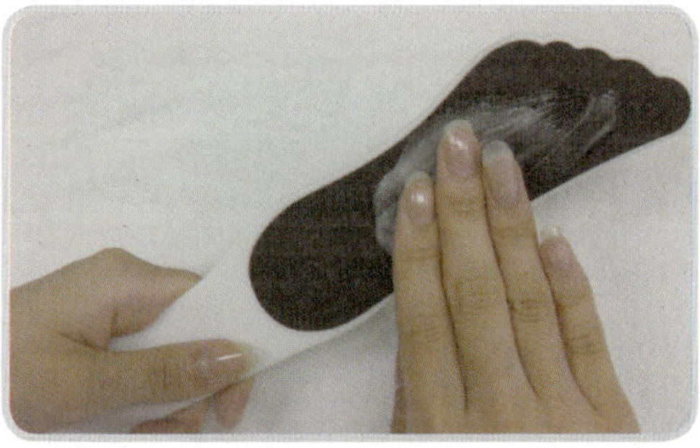

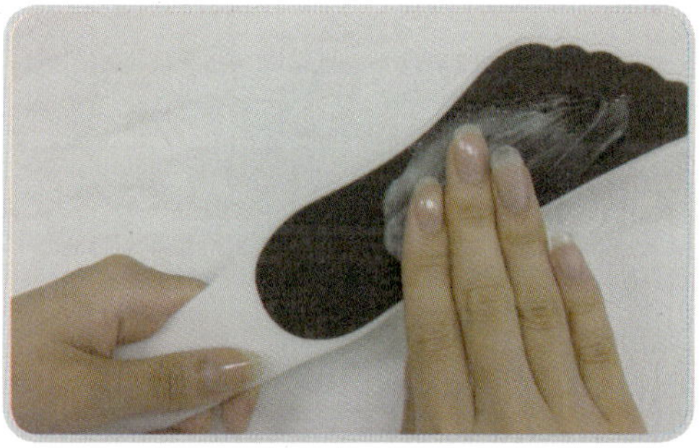

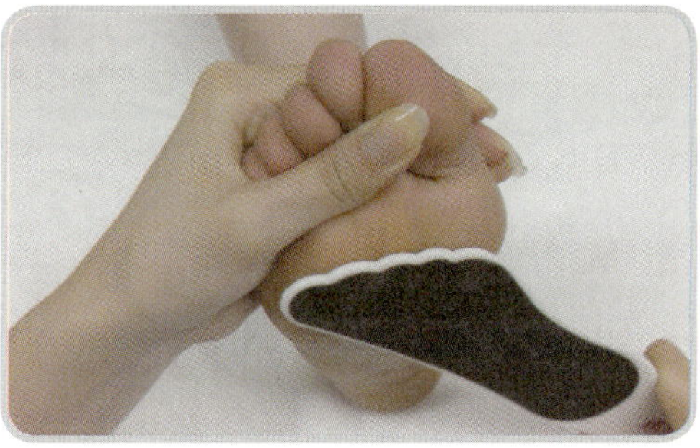

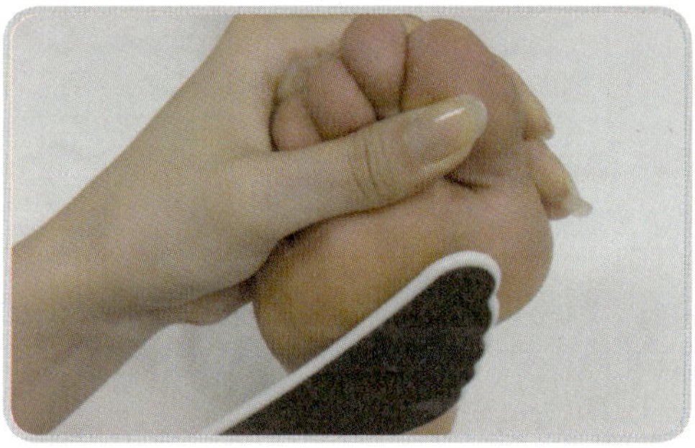

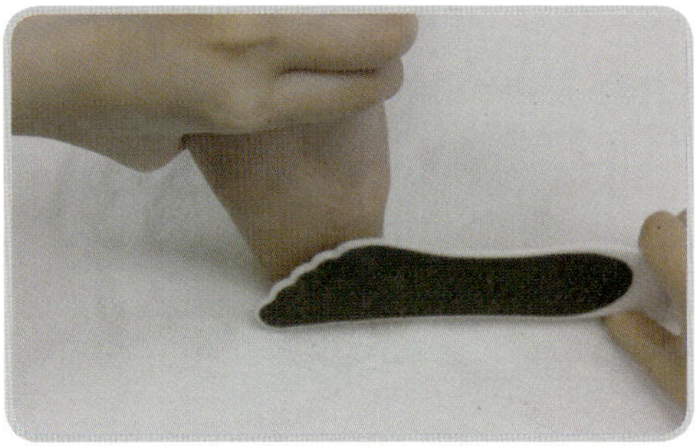 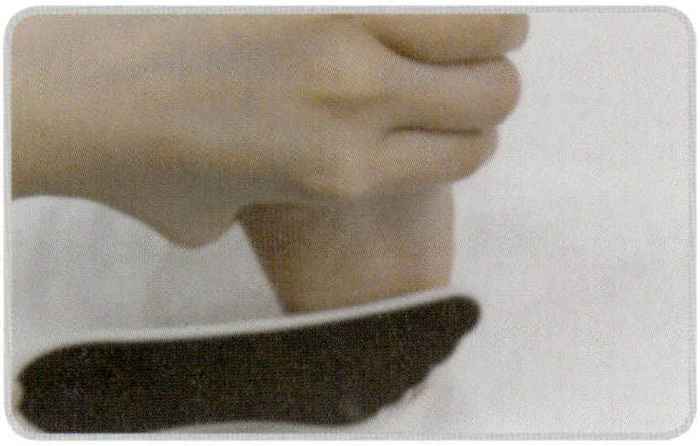

12 마사지하기

시술자의 손에 로션을 덜고 고객의 발과 다리에 전체적으로 골고루 바르고 마사지한다.

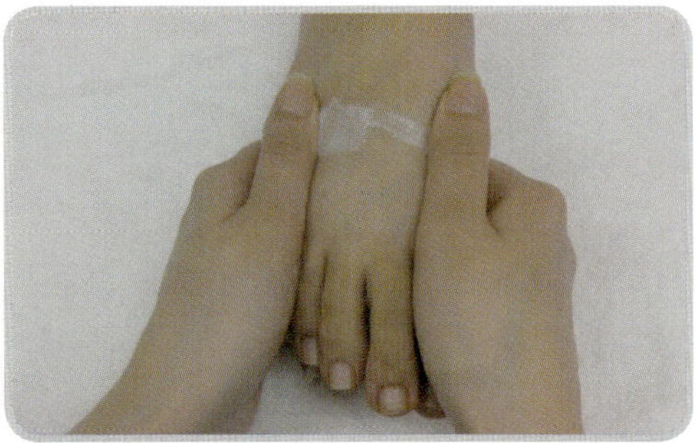 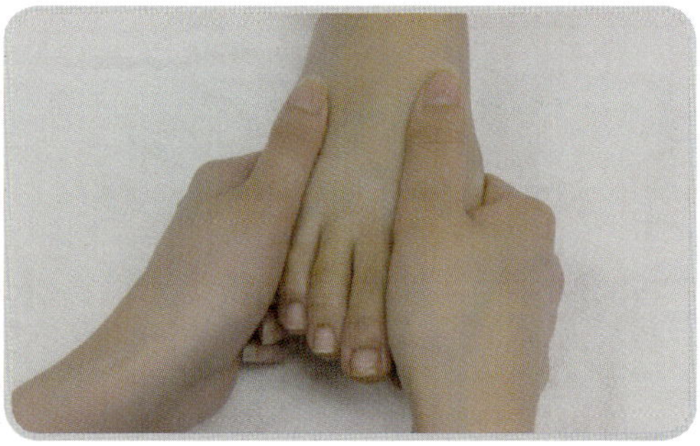

13 핫 타월하기

준비된 따뜻한 타월로 온기를 주고 가벼운 지압을 하여 발의 피로가 풀리도록 한다. 다리부터 발가락 사이까지 전체를 깨끗이 닦아준다.

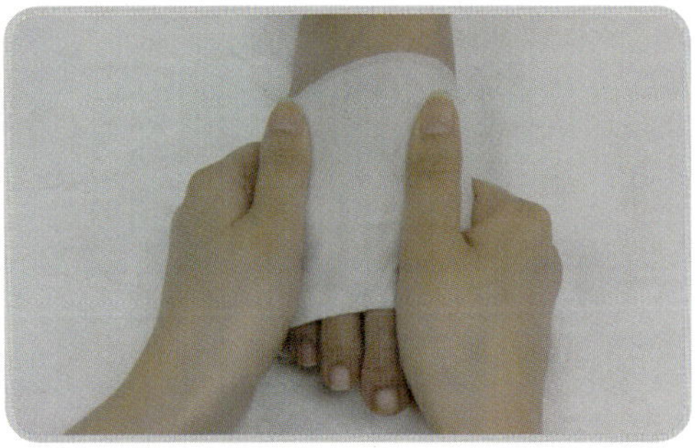 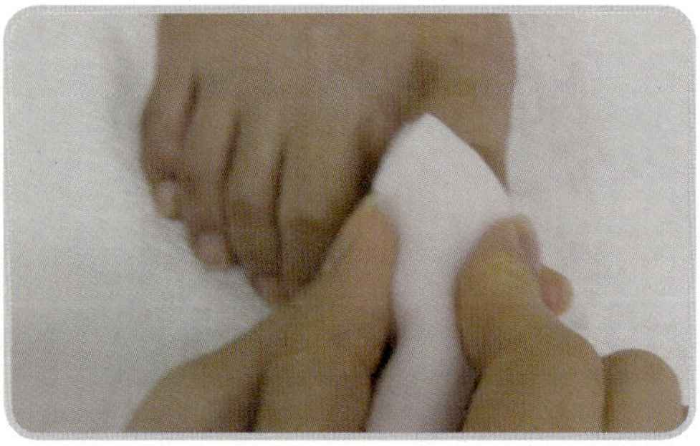

14 유분기 제거하기

오렌지우드스틱에 솜을 말아 리무버를 묻혀 발톱표면의 유분을 깨끗이 제거한다.

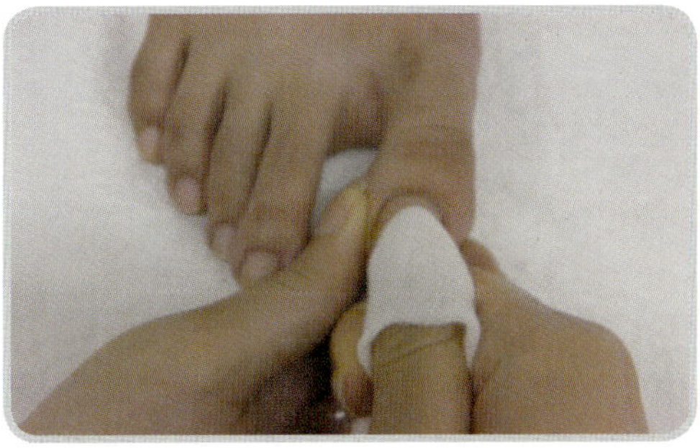

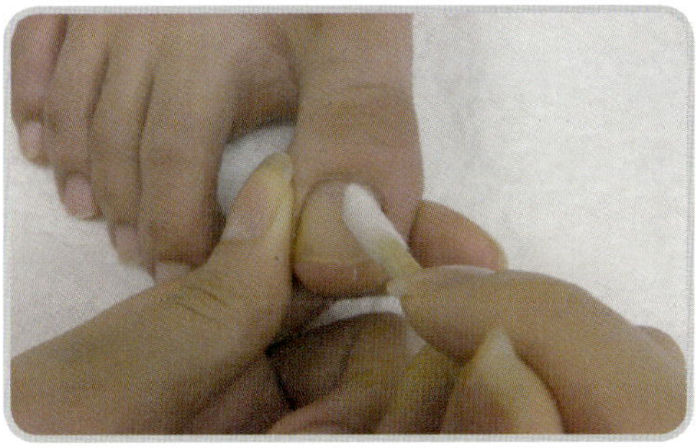

15 토우세퍼레이터 끼우기

위생상 페이퍼타월을 접어서 일회용으로 사용하거나 개인용 토우세퍼레이터를 사용하도록 한다.

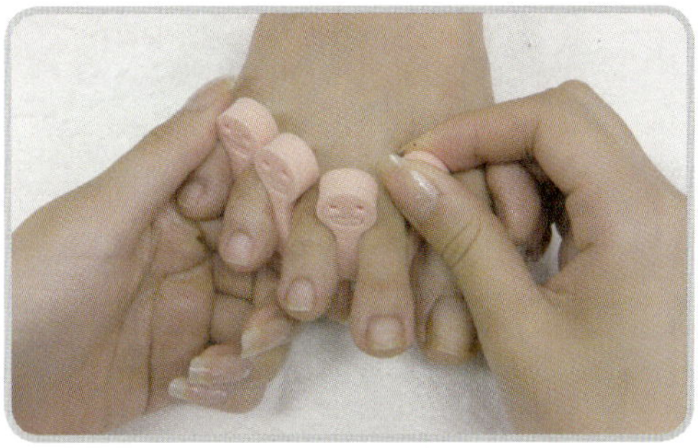

16 베이스 코트 바르기

폴리시 (Polish)가 잘 밀착되도록 얇게 잘 펴 바른다. (1회)

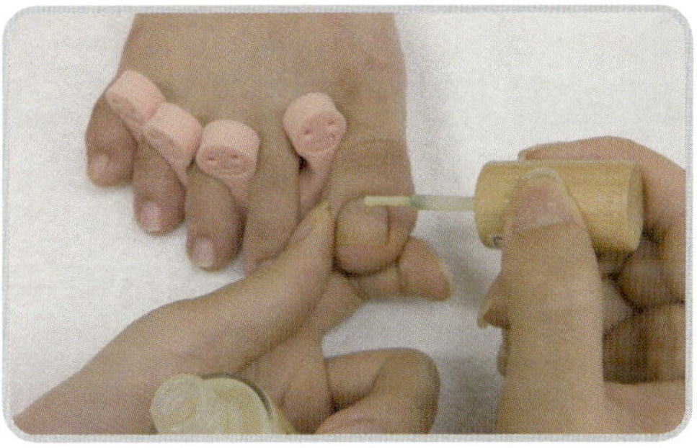

17 유색 폴리시 바르기

유색 폴리시를 얇게 2회 바른다. 프리엣지 부분까지 최대한 밀착해서 꼼꼼히 발라준다.

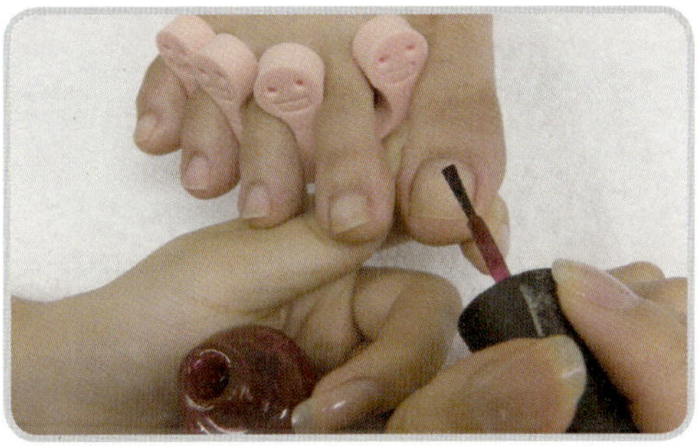

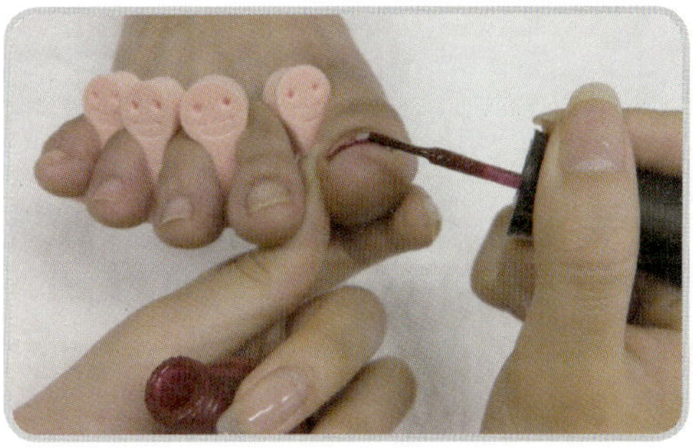

18 수정 후 탑 코트 바르기

오렌지우드스틱으로 폴리시가 잘못 발라진 부분을 수정한 후 적당량의 탑 코트를 가볍게 펴 바른다.

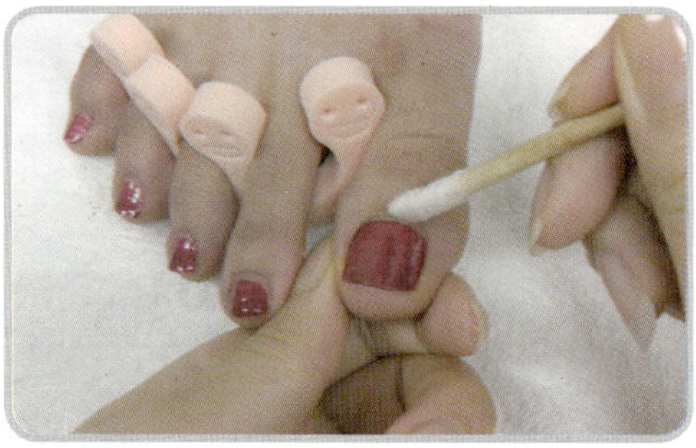

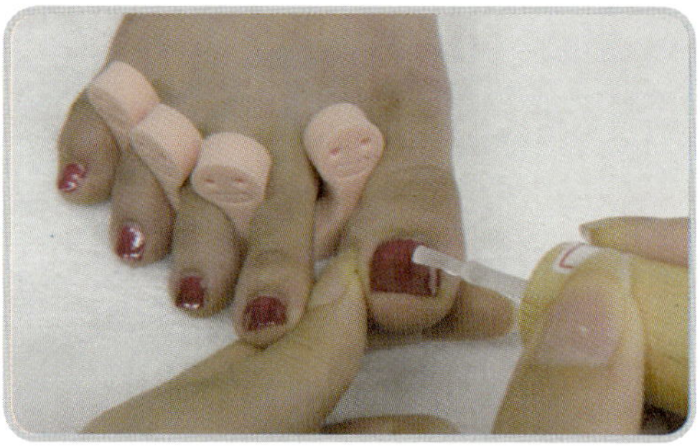

19 완성

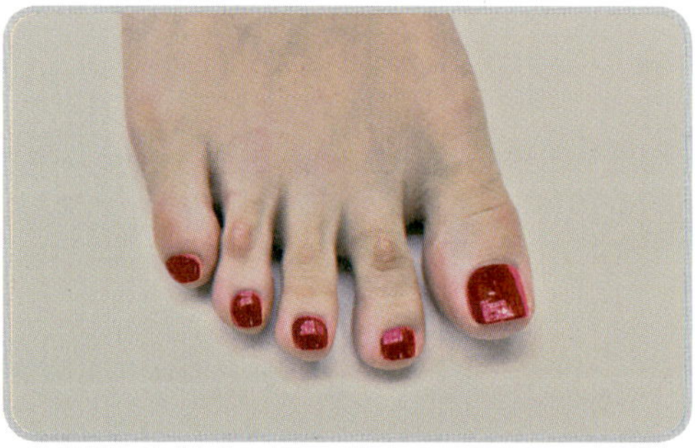

CHAPTER 3

아티휘셜 네일Artificial Nail

제1장 아티휘셜 네일을 위한 사전 지식

아티휘셜 네일이라 함은 인공적으로 만든 손톱을 말한다. 자연손톱에 인공적으로 시술을 하여 손톱을 연장하거나 손톱 보강을 위해 덮어 씌우는 것을 말한다. 손톱에 접착된 인조 네일이 잘 떨어지지 않고 오래 유지하기 위해서는 자연손톱의 사전 준비와 아티휘셜 네일의 구조를 알아야 한다.

1. 자연손톱의 사전 준비

자연손톱의 유 · 수분기를 제거하여 박테리아의 번식을 억제하기 위해 사전 준비가 필요하다. 또한, 자연손톱과 인조손톱 사이의 들뜸을 방지하고 자연손톱을 보호하기 위해 사전 준비가 필요하다.

❶ 자연네일 길이 정리

손톱 길이를 연장할 경우에는 자연손톱의 길이를 짧게 파일링 한다.

❷ 큐티클 주변 정리

자연손톱의 길이를 정리한 후 큐티클 주변의 죽은 각질(루즈스킨)을 제거한다.

❸ 네일 표면 유분기 제거

180그릿 이상의 파일을 사용하여 자연손톱 표면의 유분기를 제거 해 준다.

❹ 먼지 털기

소독된 브러쉬로 자연손톱의 먼지를 털어낸다.

❺ 방부제 도포

방부제인 프라이머를 발라 자연손톱의 pH밸런스를 맞추고 유·수분을 제거하여 접착력을 더 해준다.

2. 인조손톱의 구조

1 사이드 스트레이트 (Side straight)

네일 표면을 옆에서 볼 때 네일의 밑선의 평행을 의미한다. 옆에서 바라볼 때 손가락과 일직선이 되어야 하며 스트레스 포인트가 손상되지 않아야 손톱이 깨질 위험이 적다.

2 하이포인트 (High point)

네일 표면을 옆에서 볼 때 가장 높은 위치로 프리에지 길이에 따라 다르며, 손톱의 폭이 좁아보이는 시각적인 효과가 있다. 하이포인트의 위치가 너무 아래로 치우치면 투박하고 손의 무게감이 생기며, 너무 위로 치우치면 리프팅의 원인이 된다.

3 C-커브 (C-curve)

프리에지를 정면에서 볼 때 30~40%가 가장 좋으며 손가락이나 고객의 선호도에 따라 조절할 수 있으며 손톱이 넓은 경우 시술하면 손톱모양을 잡을 수 있다.

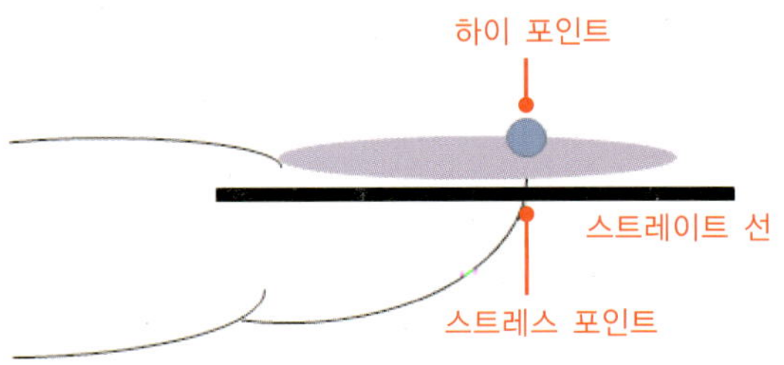

3. 자연스러운 손톱을 위한 파일링

손톱의 표면은 좌우대칭이 되어야 자연스러우며 파일링시에는 팔꿈치를 움직여 파일링한다. 파일은 그릿수가 낮은 순부터 높은 순으로 사용하며 광택내기까지 한다.

1 파일링 순서

❶ 길이 조절

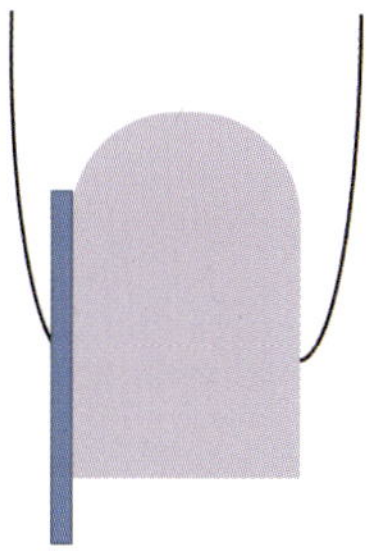

❷ 옆선 조절

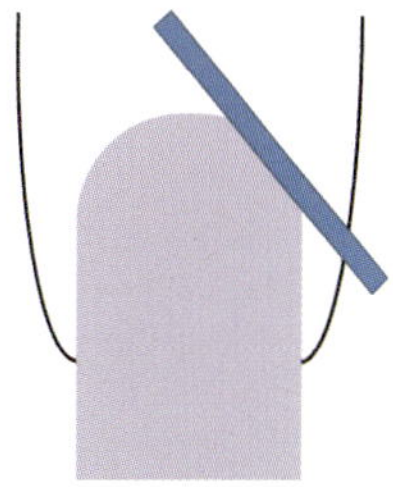

❸ 큐티클 라인

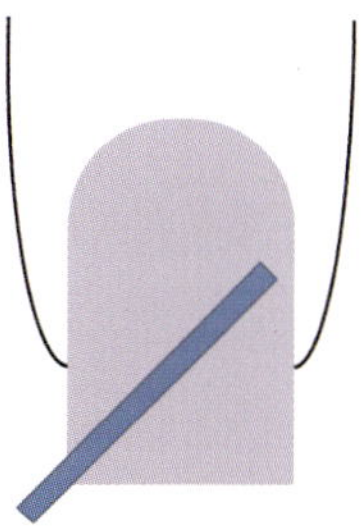

❹ 후리엣지 부분

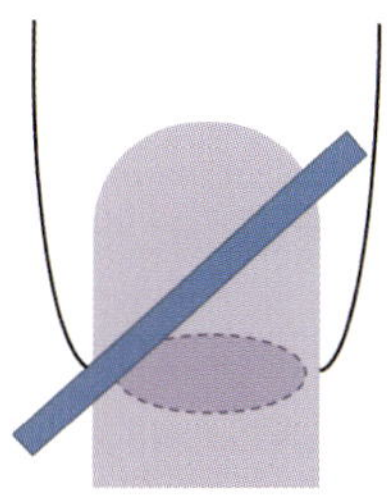

❺ 하이포인트 연결하기

제2장 네일 팁 (Nail tips)

1. 네일 팁이란

네일 팁 (Nail Tips)이란 손톱의 길이를 연장 시킬 때 사용되는 인조손톱으로 플라스틱, 나일론, 아세테이트 재질로 만들어진 것이다. 팁 자체만으로는 너무 약하기 때문에 그 위에 실크(Silk), 리넨 (Linen), 화이버글래스 (Fiberglass), 아크릴 (Acrylic), 젤 (Gel) 등을 함께 사용하여 강도와 지속력을 높여준다.

1 팁의 종류

❶ 풀커버팁 (Full cover tip)

손톱 전체를 덮는 팁으로 빠른 시간에 인조손톱 서비스가 가능하다.

❷ 풀웰팁 (Full well tip)

손톱의 길이를 연장할 때 사용하며 웰부분이 넓은 팁이다.

❸ 하프웰팁 (Half well tip)

웰부분이 좁아 자연스럽게 손톱의 손톱을 연장할 때 가장 많이 사용하는 팁 종류 중에 하나로 레귤러팁이라 부른다.

❹ 프렌치팁 (French tip)

프렌치라인으로 길이 연장할 때 사용하고 화이트 색상 외에 컬러별로 사용할 수 있다.

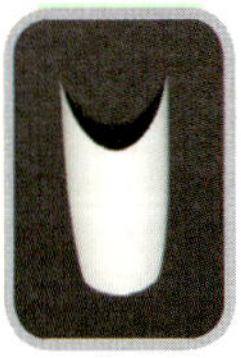

⑤ 디자인팁 (design tip)

팁 자체에 다양한 디자인이 되어 있어 개성 있고 아름다운 손톱 연출을 할 수 있다.

⑥ 롱팁 (Long tip)

대회나 작품전시 때 아트용으로 쓰이는 팁으로 길이나 모양별로 선택해서 사용할 수 있다.

2 팁 고르고 접착하는 방법

① 팁 고르기

자연손톱보다 한 사이즈 큰 것을 고르며 고객의 손톱 모양에 어울리는 팁 모양을 고른다.

② 젤 글루 바르기

글루나 젤 글루를 팁의 웰 부분에 바른다. 팁을 접착할 때는 자연손톱 위를 1/2이상 덮지 않아야 한다. 공기가 들어갈 경우 리프팅의 원인이 되어 자연 네일의 손상을 초래하기도 한다.

③ 팁 부착하기

손톱 표면에 30~45도 방향으로 팁을 밀착 시켜서 붙여준다.

④ 팁 고정 시키기

팁을 붙일 때 공기가 들어 가지 않도록 2~3초간 지그시 눌러 고정 시킨다.

⑤ 핀칭 넣기

양손 엄지손톱으로 스트레스 포인트를 눌러서 고정 시킨다.

팁핑 (Tipping)의 3요소

매치 (Match) : 자연손톱과 Tip에 완전 접착하여 연결한다.
피트 (Feet) : 자연손톱과 네일 팁을 붙일 때 사이드가 일직선이어야 한다.
블랜딩 (Blanding) : 네일 팁을 접착한 후 턱이 지지 않게 갈아준다.

2. 팁 위드 필러 (Tip With Filler)

자연 네일에 맞는 적당한 모양과 사이즈의 네일 팁을 선택하여 길이를 연장 한 후 필러 파우더를 사용하여 인조네일을 만든다.

분류번호 : 1201010417_16v1

능력단위 명칭 : 기초 팁 네일

능력단위 정의 : 기초 팁 네일이란 네일팁의 종류에 따라 작업방법을 선택하여 네일의 길이를 연장하는 능력이다.

능력단위요소	수행준거
1201010417_16v1.1 네일팁 선택하기	1.1 네일의 상태에 따라 적합한 네일팁을 선택할 수 있다. 1.2 자연 네일의 크기에 알맞은 네일팁의 크기를 선택할 수 있다. 1.3 고객의 요청에 따라 다양한 네일팁을 적용할 수 있다.
	【지 식】
	○ 네일팁 종류에 대한 지식 ○ 제품 선택을 위한 네일팁의 형태에 대한 지식 ○ 네일 구조에 대한 지식 ○ 접착제의 특성에 따른 사용 방법 ○ 네일 파일의 용도별 사용 방법
	【기 술】
	○ 접착제의 특성에 따라 활용할 수 있는 기술 ○ 네일팁 종류에 따라 작업하는 기술 ○ 네일 구조별 작업하는 기술
	【태 도】
	○ 고객에게 불편함을 주지 않기 위한 노력 ○ 고객의 요구 사항을 적극적으로 반영하려는 노력

능력단위요소	수행준거
1201010417_16v1.2 풀커버팁 작업하기	2.1 큐티클 부분 라인의 형태에 따라 풀커버팁을 사전 조형할 수 있다. 2.2 인조네일 팁 접착제를 사용하여 공기가 들어가지 않도록 접착할 수 있다. 2.3 고객의 요청에 따라 길이와 모양을 조절할 수 있다. 【지 식】 ○ 풀커버팁 네일 크기를 적용할 수 있는 지식 ○ 큐티클 부분 라인의 형태를 파악하여 사전 조형하는 지식 ○ 네일 접착제를 도포하는 지식 ○ 네일팁 구조에 따른 적용 지식 ○ 네일 접착제의 특성에 관한 지식 【기 술】 ○ 네일 구조에 따라 풀커버팁을 작업하는 기술 ○ 네일 접착제의 특성에 따라 활용할 수 있는 기술 ○ 풀커버팁 접착에 따른 작업 기술 ○ 네일 구조에 따라 풀커버팁을 사전 조형할 수 있는 기술 【태 도】 ○ 정확하고 바른 파일작업 태도 ○ 네일 제품에 대한 안전한 사용을 위한 노력 ○ 정확하고 청결한 마무리 태도 ○ 작업 완료 후 깨끗하고 청결하게 정리하는 노력 ○ 고객에게 불편함을 주지 않기 위한 노력
1201010417_16v1.3 프렌치팁 작업하기	3.1 자연 네일의 크기에 알맞은 프렌치팁의 크기를 선택할 수 있다. 3.2 네일 접착제를 사용하여 공기가 들어가지 않도록 프렌치 네일팁을 접착할 수 있다. 3.3 필러 파우더를 사용하여 인조네일을 조형할 수 있다. 3.4 인조네일의 완성을 위하여 네일 파일을 선택하여 작업할 수 있다. 【지 식】 ○ 프렌치팁의 종류에 대한 지식 ○ 네일 프리에지 형태에 대한 지식 ○ 네일 구조에 따른 네일팁 적용 지식

<table>
<tr><th>능력단위요소</th><th>수 행 준 거</th></tr>
<tr><td rowspan="2">1201010417_16v1.3
프렌치팁 작업하기</td><td>【기 술】
○ 네일 구조에 따라 프렌치 네일팁을 작업하는 기술
○ 네일 접착제의 특성에 따라 활용할 수 있는 기술
○ 프렌치팁 접착에 따른 작업 기술
○ 네일 구조에 따라 프렌치팁을 사전 조형할 수 있는 기술</td></tr>
<tr><td>【태 도】
○ 정확하고 바른 파일작업 태도
○ 네일 제품의 안전한 사용을 위한 노력
○ 정확하고 청결한 마무리 태도
○ 고객에게 불편함을 주지 않기 위한 노력</td></tr>
<tr><td rowspan="3">1201010417_16v1.4
내추럴팁 작업하기</td><td>4.1 자연 네일의 크기에 알맞은 내추럴팁의 크기를 선택할 수 있다.
4.2 네일의 상태에 따라 내추럴팁을 사전 조형할 수 있다.
4.3 인조네일팁 접착제를 사용하여 공기가 들어가지 않도록 접착할 수 있다.
4.4 내추럴팁의 팁 턱을 자연 네일의 손상 없이 제거할 수 있다.
4.5 필러 파우더를 사용하여 내추럴팁의 구조를 조형할 수 있다.
4.6 인조네일 구조 완성을 위하여 네일 파일을 선택하여 작업할 수 있다.</td></tr>
<tr><td>【지 식】
○ 내추럴팁 종류에 대한 지식
○ 네일 파일의 종류에 대한 지식
○ 네일 파일의 사용 방법에 대한 지식
○ 내추럴팁 접착제 사용 방법에 대한 지식</td></tr>
<tr><td>【기 술】
○ 네일 구조에 따라 내추럴팁을 작업하는 기술
○ 네일 접착제의 특성에 따라 활용할 수 있는 기술
○ 내추럴팁 접착기술
○ 내추럴팁 구조에 따라 사전 조형할 수 있는 기술</td></tr>
</table>

능력단위요소	수 행 준 거
1201010417_16v1.4 내추럴팁 작업하기	【태 도】 ○ 정확하고 바른 파일작업 태도 ○ 제품의 안전한 사용을 위한 노력 ○ 정확하고 청결한 마무리 태도 ○ 고객에게 불편함을 주지 않기 위한 노력

준비물

1. 네일 기본세트(손 소독제, 폴리시 리무버, 우드스틱, 파일(100~180Grit), 샌딩, 알코올, 큐티클 연화제, 큐티클 오일, 더스트 브러시, 3-Way, 샤이너 & 광버퍼)
2. 기초 인조네일 세트(필러파우더, 글루, 젤글루, 글루 경화촉진제)
3. 네일 팁

[시술 순서]

01 손 소독하기

시술자와 고객의 손을 소독한다. 고객의 손톱에 폴리시가 남아 있으면 깨끗이 닦아 준다.

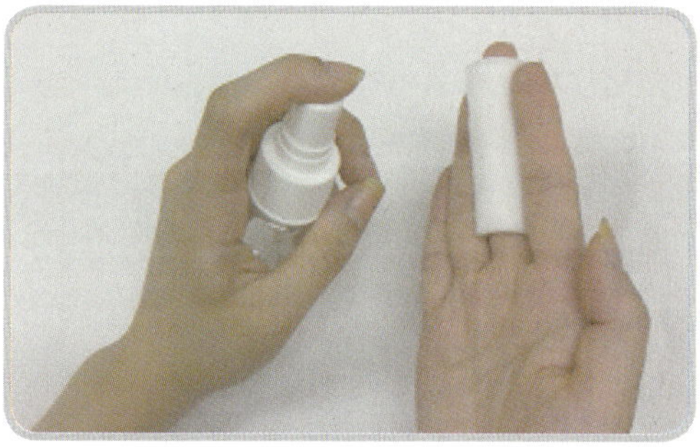

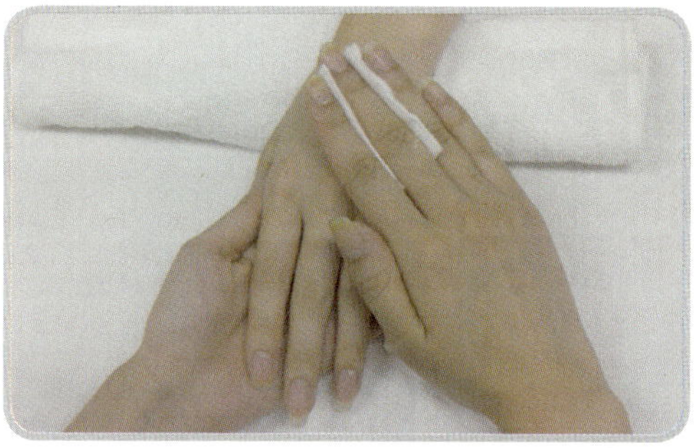

02 큐티클 밀어 올리기

퓨셔나 우드스틱을 사용하여 큐티클을 밀어 올린다. 이 때 큐티클은 오일을 바르지 않은 상태이므로 지나치게 밀어올리지 않도록 한다.

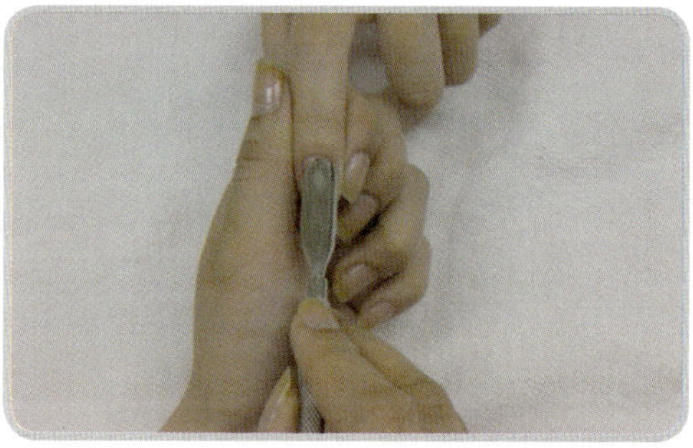

03 손톱 모양 잡기

고객의 손톱을 라운드로 잡는다.

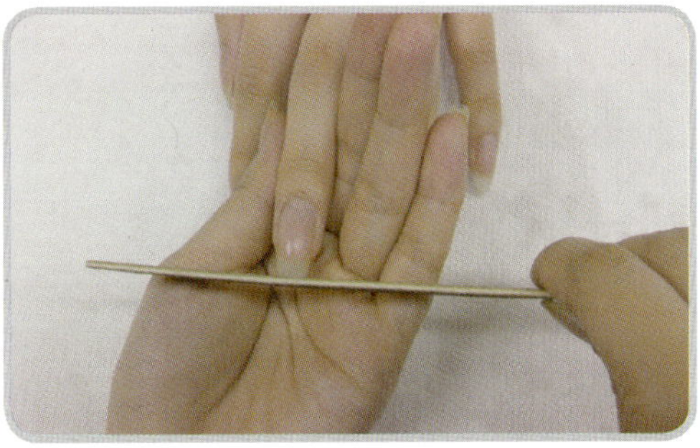

04 손톱 표면 유분 정리하기

그릿수가 높은 파일 (180Grit) 이나 화이트 버퍼를 사용하여 손톱에 에칭을 준다. 이때 지나친 에칭으로 자연손톱이 손상되지 않도록 주의하여야 한다. 더스트 브러시를 이용하여 먼지를 털어준다.

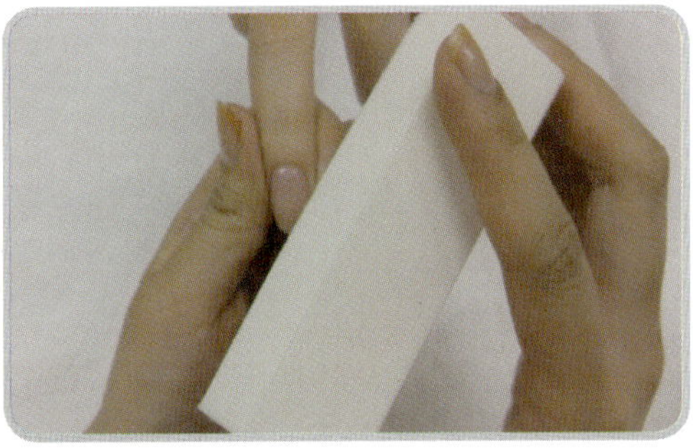

05 팁 선택하기

손톱에 알맞은 사이즈의 팁을 고른다. 양쪽 측면이 음푹 들어간 손톱이나 각진 손톱의 경우 풀웰보다 하프 웰의 얇은 팁을 선택한다. 손톱이 크고 납작한 경우에는 약간 끝이 좁은 네로우팁 (Narrow Tip)으로 선택한다. 손톱 끝이 위로 솟은 손톱은 커브팁으로 커버한다. 웰 부분이 너무 두꺼울 경우 손톱에 접착하기 전에 미리 파일로 웰 부분을 얇게 갈아주는 것도 손톱 손상을 줄이는 방법이다.

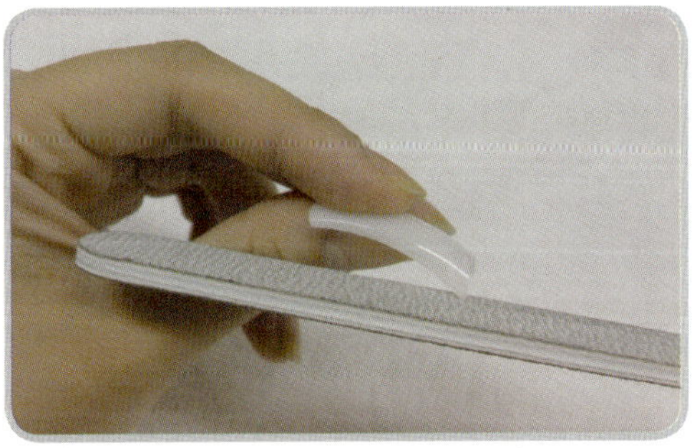

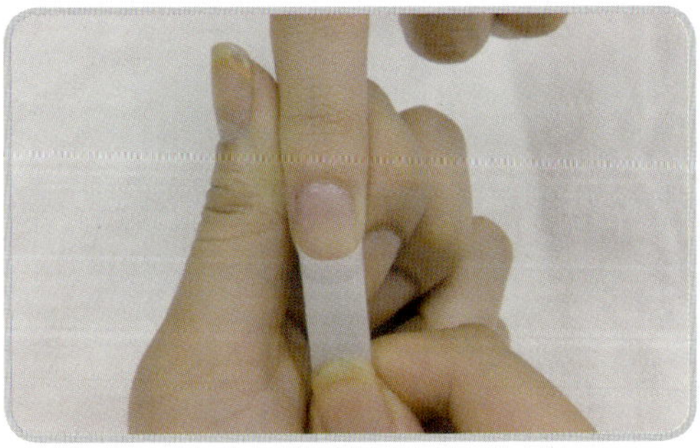

06 팁 부착하기

팁에 젤 글루를 도포하여 손톱 끝에 팁을 45도 각도로 밀착한 후 공기가 생기지 않도록 서서히 올리며 붙여 주고 2~3초간 지그시 눌러 고정 시킨다. 모든 팁의 접착되어질 부분은 약간의 턱이 있다. 그 곳을 웰 (Well) 또는 하프 웰 (Half Well)이라고 부른다. 팁을 붙일 때는 자연 손톱의 1/3 정도가 적당하고 1/2 이상을 커버해서는 안된다.

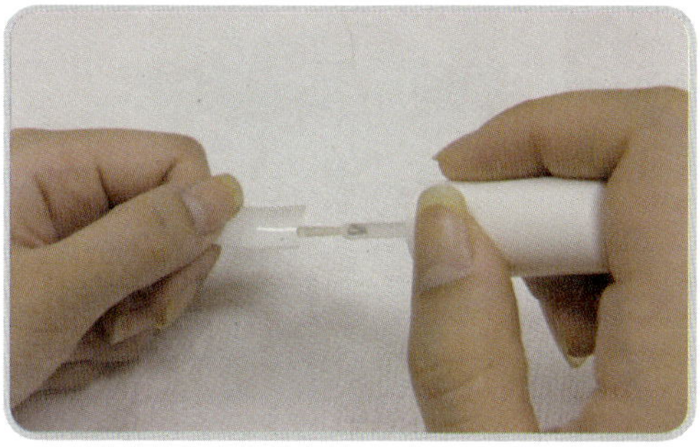

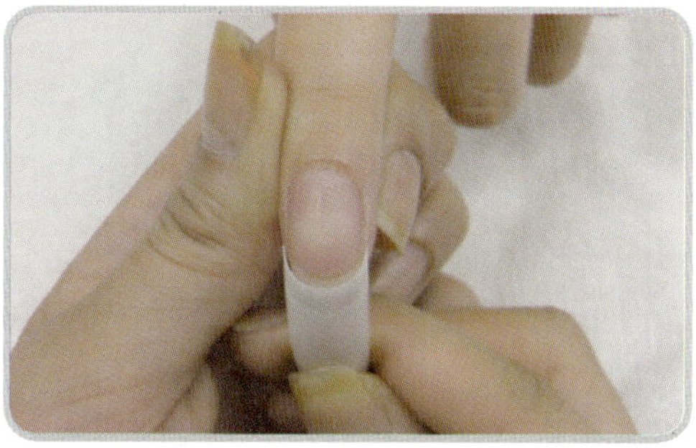

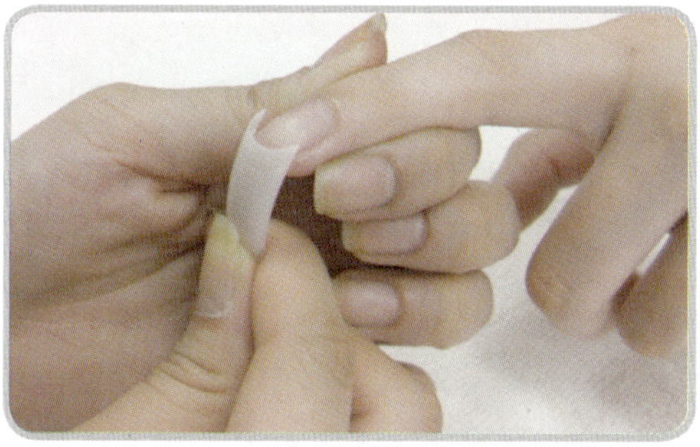

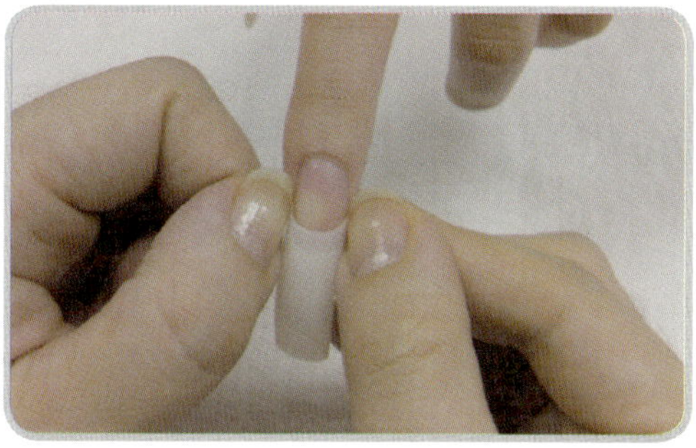

07 팁 자르기와 모양 만들기

팁커터기를 사용해 고객이 원하는 길이만큼 자른다. 라운드를 원할 경우 클리퍼로 양쪽 모서리를 사선으로 자르고 중간에 뾰족하게 나온 부분을 직선으로 조금 잘라낸다. 스퀘어의 경우 두 번 세 번에 걸쳐 직선으로 잘라 맞춰 준다. 이때 팁 길이는 원하는 길이보다 조금 길게 잘라준다. 파일로 모양을 잡을 때 팁의 길이가 짧아지기 때문이다.

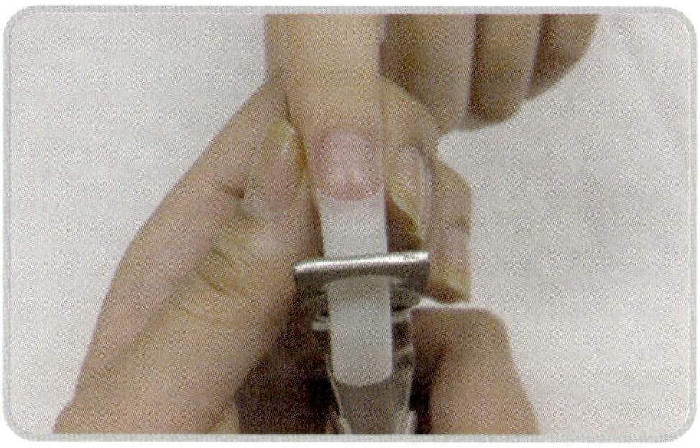

08 팁 모양 정리 후 팁 턱 제거하기

글루가 잘 마른 후 자연 네일과 연결된 팁 부분들을 파일로 정리해 준다. 왼쪽, 오른쪽을 번갈아 가며 자연손톱과 자연스럽게 연결이 되도록 정리해 준다. 자연손톱과 인조손톱의 팁 턱을 없애기 위해 150~180그릿 정도의 파일을 이용하여 조심스럽게 갈아준다. 팁 턱을 제거 할 때 자연네일이 최대한 손상되지 않도록 각도조절과 파일의 방향을 바르게 한다. 너무 거친 파일로 세게 갈면 피부가 다칠 수 있고 인조손톱이 너무 얇아질 수 있으므로 주의해서 파일링한다.

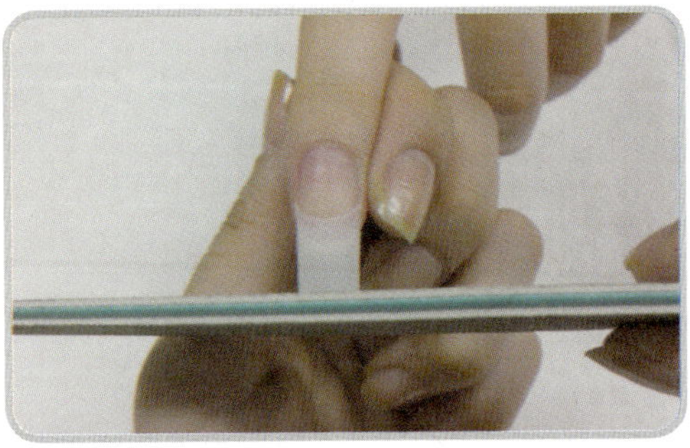

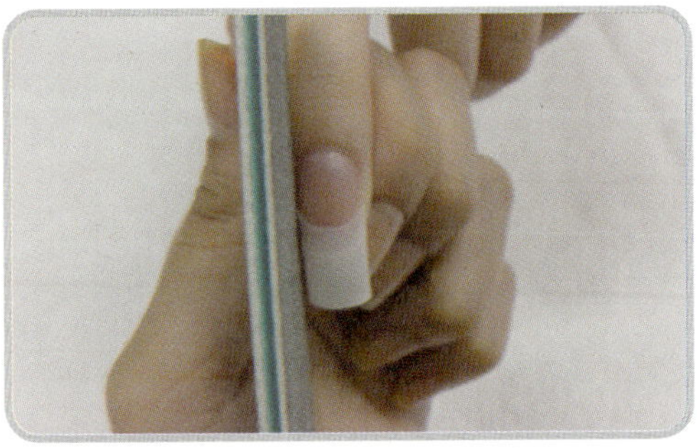

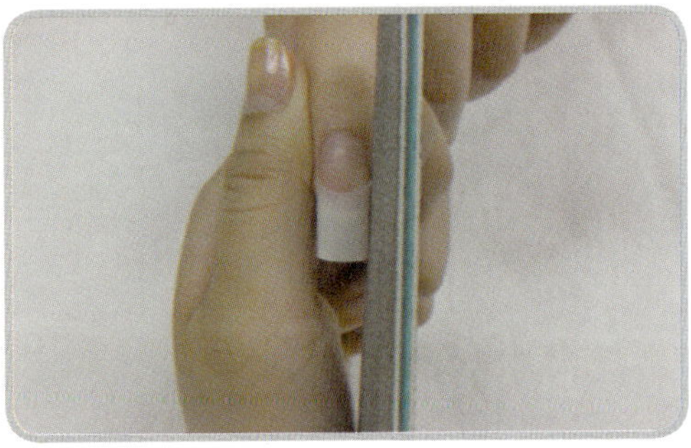

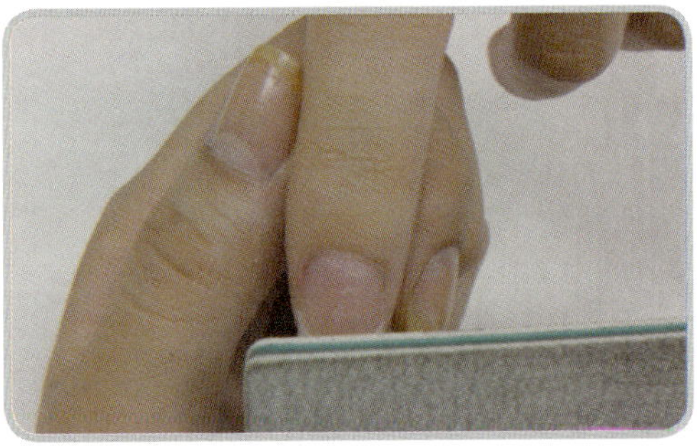

09 라이트 글루 도포 후 필러 파우더 뿌리기

라이트 글루와 필러 파우더를 사용하여 손톱의 모양을 자연스럽게 채워준다. 라이트 글루를 도포할 때는 손가락을 세워서 발라야한다. 라이트 글루가 흘러도 큐티클 라인으로 흐르지 않고 아랫부분으로 흘러내리도록 하기 위함이다. 글루는 연필 잡는 방법으로 잡고 사선으로 잘린 부분을 네일표면에 평행으로 놓고 중앙에서 크게 원을 그리며 바깥쪽으로 옮겨간다.

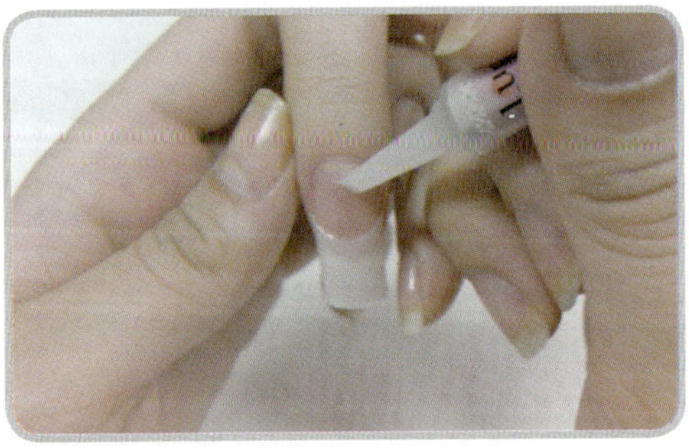

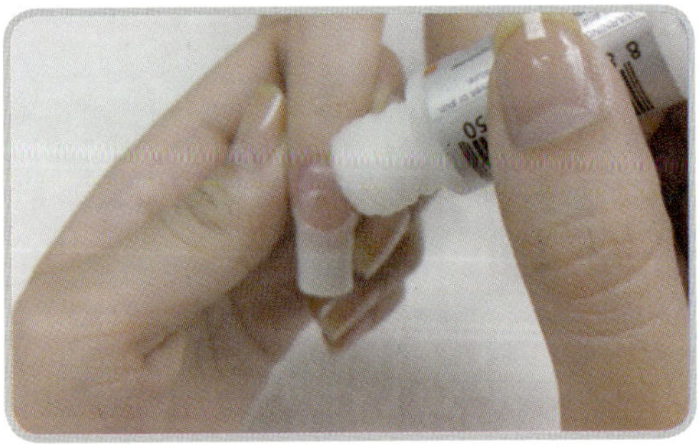

10 필러 파우더 걷어내기

필러 파우더를 뿌리고 난 후 오렌지 우드 스틱으로 큐티클 라인과 사이드 월 부분의 필러 파우더를 제거한다. 그 이유는 라이트 글루가 필러 파우더를 따라 퍼지기 때문이다.

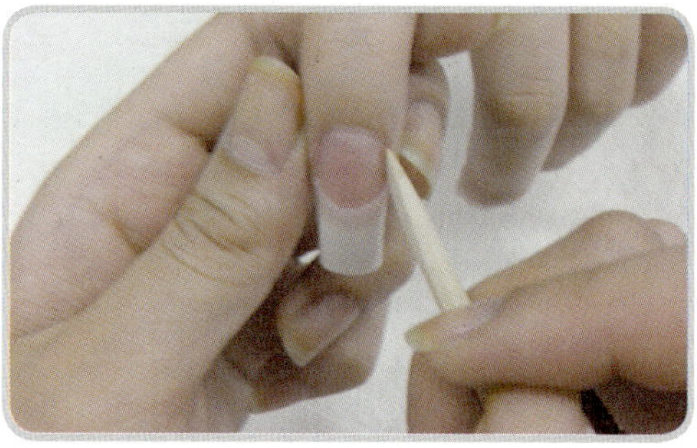

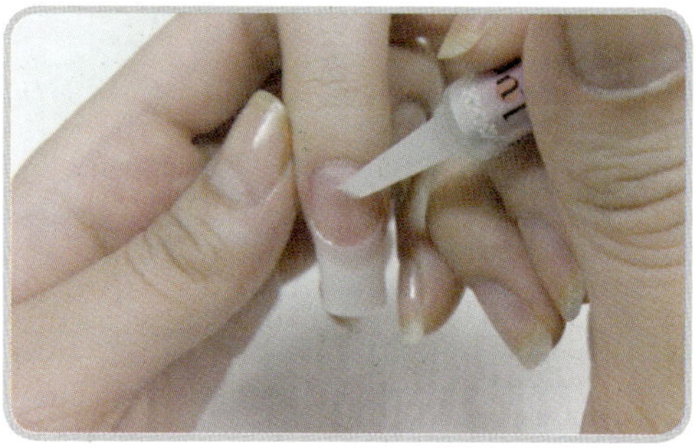

11 남은 여분 닦아내고 글루 드라이 뿌리기

라이트 글루가 흐르면 남은 여분을 페이퍼 타월로 닦아주어야 프리엣지 부분이 두꺼워 지는 것을 막을 수 있다. 글루가 빨리 마르도록 글루 드라이를 뿌려주는데 손톱에서 20cm 이상의 간격을 두고 짧게 끊어서 분사하여야 기포가 생기지 않는다.

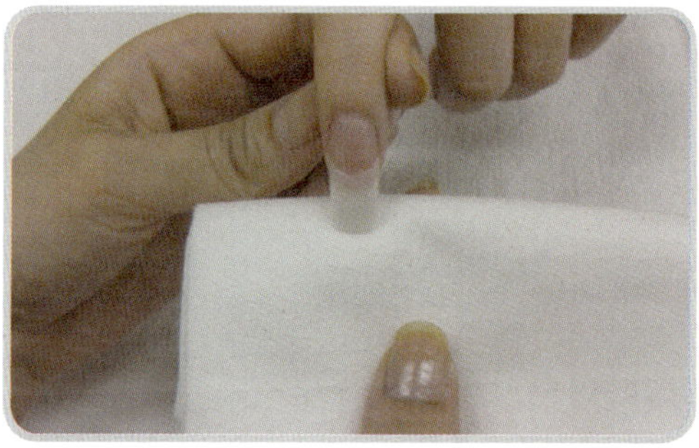

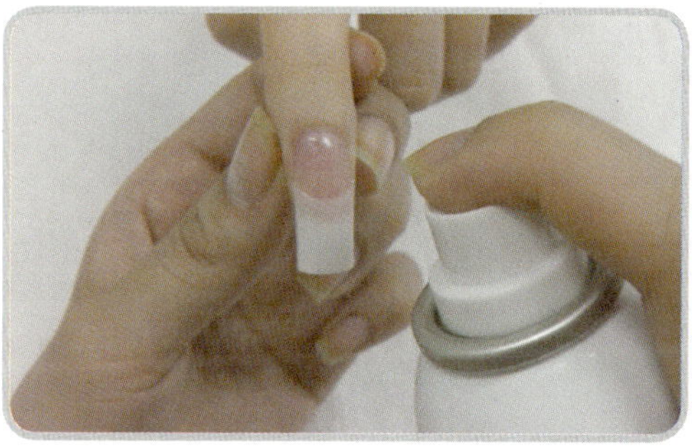

12 ⑨와 ⑩을 2~3번 반복하여 손톱 모양 만들기

13 손톱 표면 정리

파일을 사용해 필러가 뿌려진 표면을 매끄럽게 갈고, 화이트 버퍼를 이용해 표면을 매끄럽게 한다.

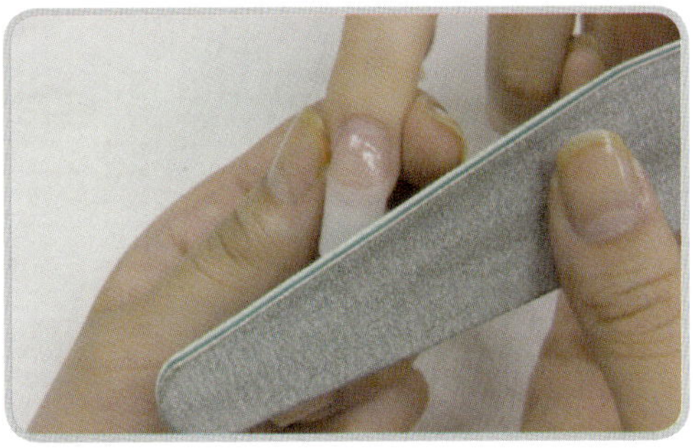

14 거스르미 정리

파일링 후 남은 가루는 더스트 브러시로 털어주고 손톱밑 부분의 거스르미도 깔끔하게 제거해 준다.

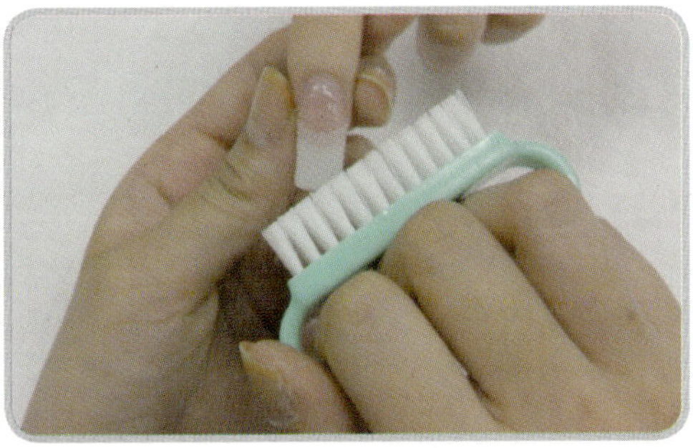

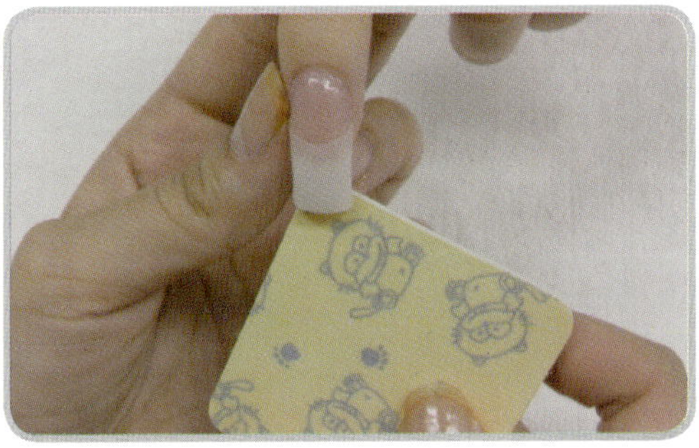

15 손톱 표면 정리

3-Way 버퍼나 광파일을 사용해 표면을 매끈하게 광택을 낸다.

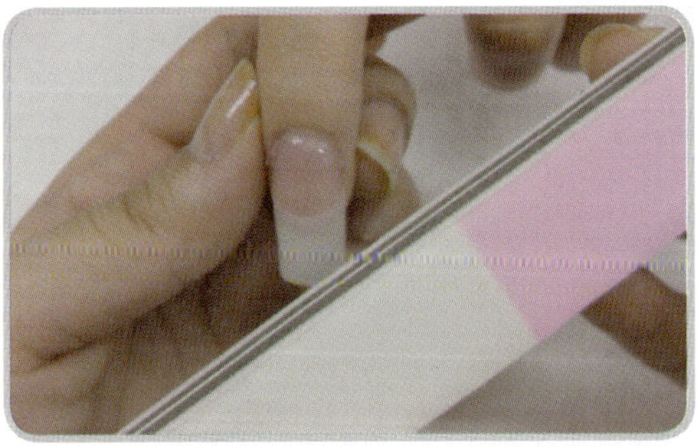

16 오일로 마무리 하기

큐티클 주변에 오일을 바르고 가볍게 마사지를 한 후 3-Way를 이용해 광택을 낸다.

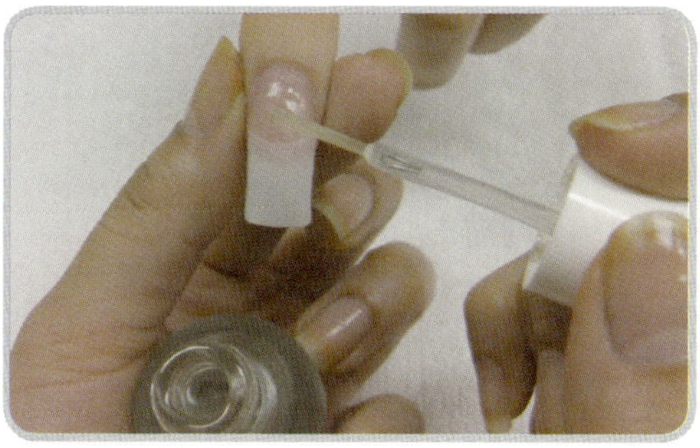

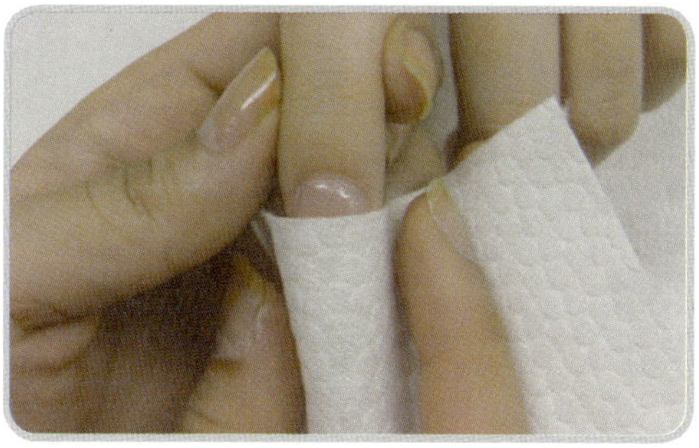

평가시 고려사항

- 수행준거에 제시되어 있는 내용을 성공적으로 수행할 수 있는지를 평가해야 한다.
- 평가자는 다음 사항을 평가해야 한다.
  - · 제품의 정확한 사용 방법에 대한 지식 여부
  - · 네일 재료 및 도구에 따른 작업 방법에 대한 이해 여부
  - · 고객의 네일 상태에 따른 작업 능력
  - · 안전예방 및 응급 상황 대처 능력
  - · 인조네일의 균일함과 작업 완성도에 대한 이해 여부
  - · 인조네일 구조에 대한 지식 여부

제3장 네일 랩 (Nail Wrap)

1. 랩의 의미와 종류

네일 랩 (Nail Wrap)이란 손톱을 포장한다는 뜻으로 오버레이 (Overlays)라고도 한다. 천 (Fabric)이나 종이 (Paper)를 손톱 크기로 오려서 접착제를 사용하여 손톱에 붙이는 것이다. 네일 랩은 자연 네일이나 인조 팁 위에 덧씌움으로써 튼튼하게 유지시켜 주고 부러지거나 깨진 손톱을 손질하는 데도 사용된다. 랩에는 페브릭 랩과 페이퍼 랩으로 나눌 수 있다.

1 페브릭 랩 (Fabric Wrap)의 종류

① 실크 (Silk)

실크는 명주실로 엮어 얇은 소재의 천으로 촘촘하게 짜여 있어 얇고 부드럽다. 투명성이 가장 뛰어나고 부드러워 보편적으로 가장 많이 사용되고 있다.

② 린넨 (Linen)

린넨은 굵은 소재의 천으로 짜여있어 강하고 오래 유지되지만, 두껍고 천의 조직이 그대로 보이기 때문에 시술 후 컬러링을 해야한다.

③ 화이버글래스 (Fiberglass)

화이버글래스는 글루가 잘 스며들어 자연스러워 보인다. 광섬유, 유리 섬유라고도 한다

2 페이퍼 랩 (Paper Wrap)

얇은 종이 소재로 되어 있으며 아세톤과 논 아세톤에 모두 약하기 때문에 주로 임시 랩으로만 사용된다.

2. 네일 랩

인조 손톱이나 실크 익스텐션 등으로 길이를 늘려주는 것 외에 자연 손톱의 보호를 위해 실크 랩을 자연 손톱 위에 붙여 줄 수 있다. 자연 손톱은 일정 길이가 되면 부러지거나 깨지는 경우가 있으므로 인조 손톱보다는 자연손톱 그대로를 유지하기를 원하는 고객에게 적합한 시술이다.

분류번호 : 1201010405_16v3

능력단위 명칭 : 랩 네일

능력단위 정의 : 랩 네일이란 고객의 미적 요구 충족을 위하여 랩 네일로 네일 위에 랩 재단과 접착을 통해 네일 길이를 연장하는 능력이다.

<table>
<tr><th>능력단위요소</th><th>수행준거</th></tr>
<tr><td rowspan="7">1201010405_16v3.1
랩 재단하기</td><td>1.1 네일 크기에 따라 네일랩의 폭과 길이를 측정할 수 있다.
1.2 네일 상태에 따라 네일랩의 재단방법을 선택할 수 있다.
1.3 재단방법에 따라 네일랩을 자연 네일에 맞추어 자를 수 있다.</td></tr>
<tr><td>【지 식】</td></tr>
<tr><td>○ 네일랩 종류에 대한 지식
○ 네일 구조에 대한 지식
○ 네일랩 제품의 특성에 대한 지식
○ 네일랩 재단방법의 이해
○ 네일 가위 사용방법 이해</td></tr>
<tr><td>【기 술】</td></tr>
<tr><td>○ 네일랩 종류에 구분 능력
○ 네일 구조 파악 능력
○ 네일랩 재단 능력
○ 네일랩 재단 가위 사용 능력</td></tr>
<tr><td>【태 도】</td></tr>
<tr><td>○ 네일랩 재단 시 고객을 배려하는 자세
○ 네일랩 재단을 위한 바른 자세
○ 네일랩 재단 가위의 안전한 사용 자세</td></tr>
</table>

능력단위요소	수 행 준 거
1201010405_16v3.2 **랩 접착하기**	2.1 재단된 랩의 보호 종이와 네일랩을 분리 할 수 있다. 2.2 네일랩에 공기가 들어가지 않도록 네일 표면에 부착할 수 있다. 2.3 네일랩 고정을 위해 네일 접착제를 도포할 수 있다. 2.4 접착된 네일랩의 접착상태를 점검할 수 있다. 【지 식】 ○ 네일랩 제품의 특성에 대한 지식 ○ 네일 접착제의 특성에 대한 지식 ○ 네일랩 접착 방법의 이해 ○ 네일 접착제의 사용방법 이해 【기 술】 ○ 네일랩 제품의 특성에 따른 사용 능력 ○ 네일 접착제의 특성에 따른 사용 능력 ○ 네일랩 접착 방법에 관한 기술 ○ 네일 접착제를 안전하게 사용하는 능력 ○ 접착된 네일랩의 접착상태를 점검 능력 【태 도】 ○ 네일랩 접착 시 고객을 배려하는 자세 ○ 네일랩 접착을 위한 바른 자세 ○ 네일 접착제의 안전한 사용 자세
1201010405_16v3.3 **랩 연장하기**	3.1 고객의 요청에 따라 프리에지의 길이를 연장 조형할 수 있다. 3.2 필러파우더와 네일 접착제로 연장한 랩 네일의 두께를 조절 할 수 있다. 3.3 고객의 요청에 따라 연장된 랩 네일의 프리에지 형태를 조형할 수 있다. 3.4 연장된 랩 네일의 표면을 인조네일 구조에 맞춰 정리 할 수 있다.

능력단위요소	수 행 준 거
1201010405_16v3.3 랩 연장하기	【지 식】 ○ 네일랩 제품의 특성에 대한 지식 ○ 네일 접착제의 특성 대한 지식 ○ 네일랩 보강제의 특성에 대한 지식 ○ 인조네일 구조에 대한 지식 ○ 인조네일 파일 사용 방법의 이해 ○ 프리에지 모양의 이해 ○ 프리에지 모양 다듬는 방법의 이해 【기 술】 ○ 네일랩 제품의 특성에 따른 사용 능력 ○ 네일 접착제의 특성에 따른 사용 능력 ○ 네일랩 보강제의 특성에 따른 사용 능력 ○ 인조네일 구조에 파악 능력 ○ 파일 사용 능력 ○ 프리에지 모양 다듬는 능력 ○ 인조네일 표면 정리 능력 【태 도】 ○ 랩 네일 연장 고객을 배려하는 자세 ○ 랩 네일 연장을 위한 바른 자세 ○ 네일 길이 연장 시 고객의 요구를 반영하는 자세 ○ 프리에지 조형 시 고객의 요구를 반영하는 자세

준비물

1. 네일 기본세트(손 소독제, 폴리시 리무버, 우드스틱, 파일(100~180Grit), 샌딩, 알코올, 큐티클 연화제, 큐티클 오일, 더스트 브러시, 3-Way, 샤이너 & 광버퍼)
2. 기초 인조네일 세트(필러파우더, 글루, 젤글루, 글루 경화촉진제)
3. 네일랩(실크)
4. 실크가위
5. 클리퍼

[시술 순서]

01 손 소독하기

02 에나멜 제거하기

03 큐티클 밀어 올리기

푸셔나 우드스틱을 사용하여 큐티클의 루즈 스킨 부분을 밀어 올린다.

04 유분기 제거하기

화이트 버퍼나 그릿 수가 낮은 파일로 자연네일에 에칭을 주어 유분기를 제거한다. 지나치게 에칭하면 자연손톱이 손상되므로 주의한다.

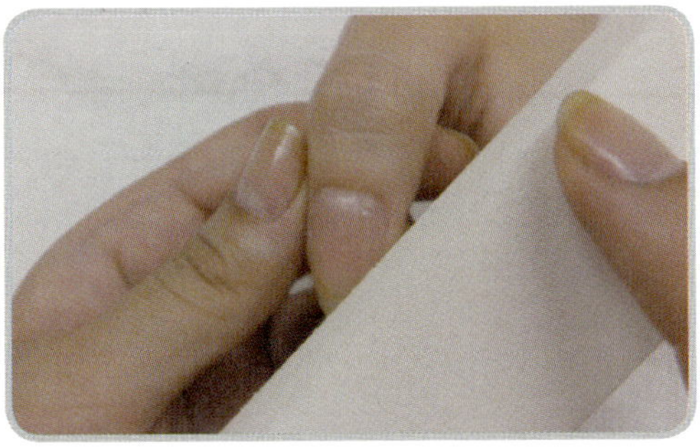

05 손톱 가루 털어내기

06 실크 재단하기

실크를 손톱 크기에 맞춰서 재단한다. 파일링 할때 큐티클에 출혈이 생기는 것을 방지하기 위해서는 실크 재단시 큐티클 라인과 네일 웰 부분은 약 0.1~0.15cm정도 작게 오리고, 프리엣지 부분은 여유를 주어 0.5~1cm정도 길게 오려준다.

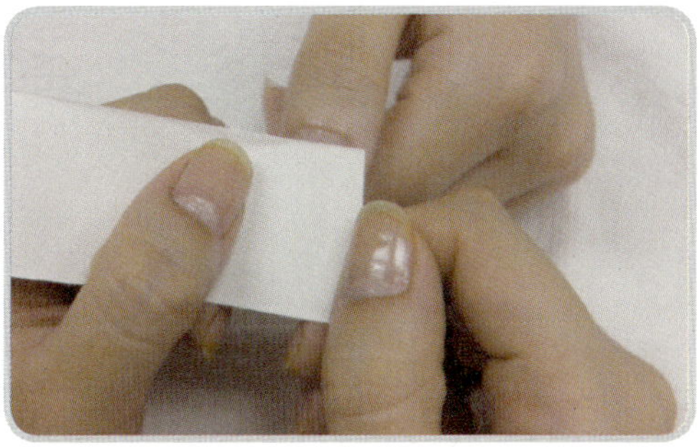

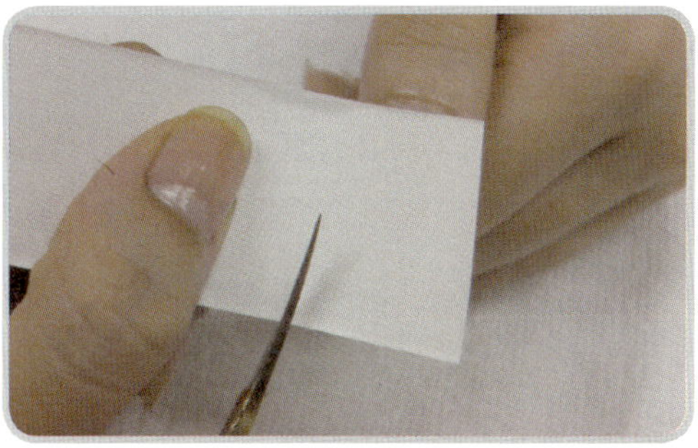

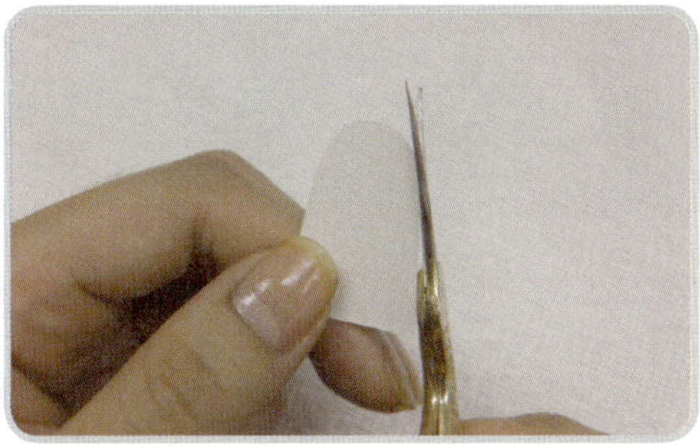

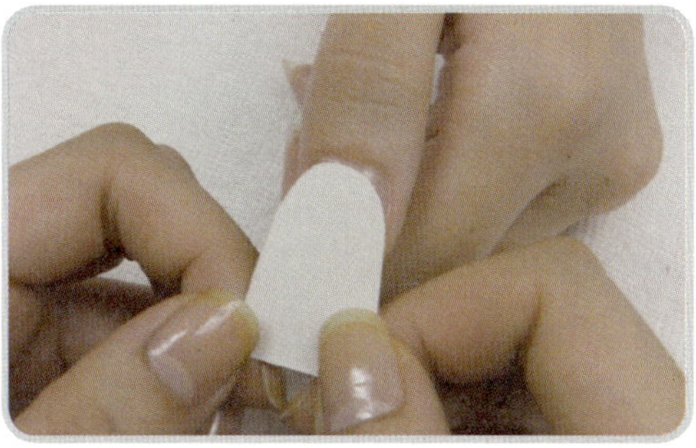

07 실크 부착하기

종이와 분리한 실크를 큐티클 라인에서 0.1cm정도 띄워주고 실크 윗부분을 손톱에 부착한후 엄지 손가락으로 고정 시키고 나머지 실크 뒷면 종이를 벗긴다.

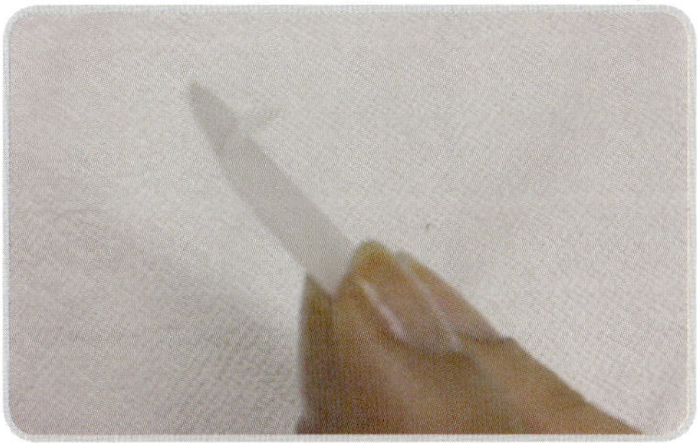

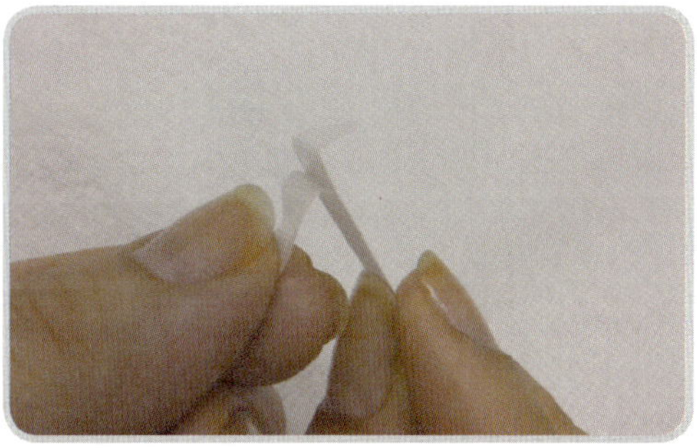

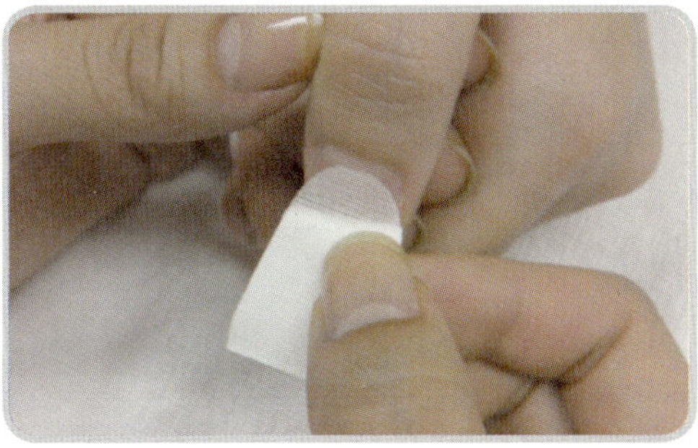

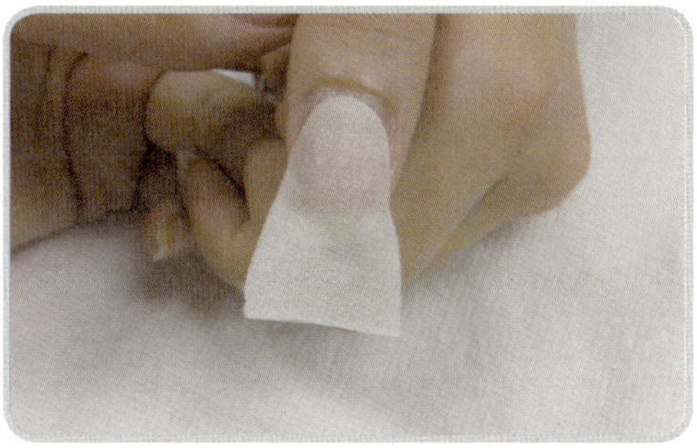

08 라이트 글루 바르기

라이트 글루는 실크가 들뜨지 않게 프리엣지 부분까지 손톱 전체에 골고루 발라준다. 손톱이 너무 약하거나 하이포인트가 없으면 필러 파우더를 이용해 살짝 두께를 만들어 주는 것이 좋다.

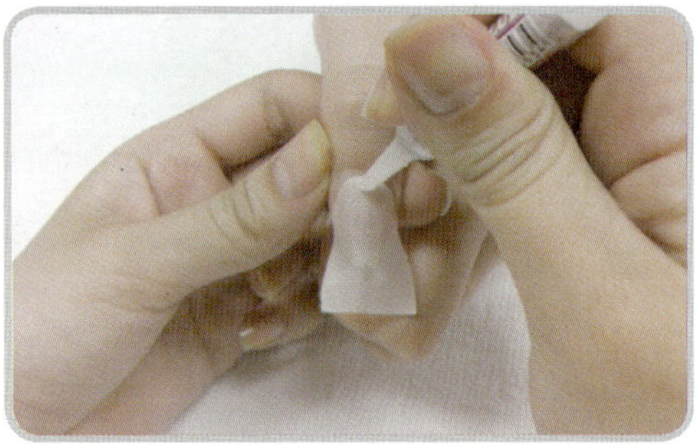

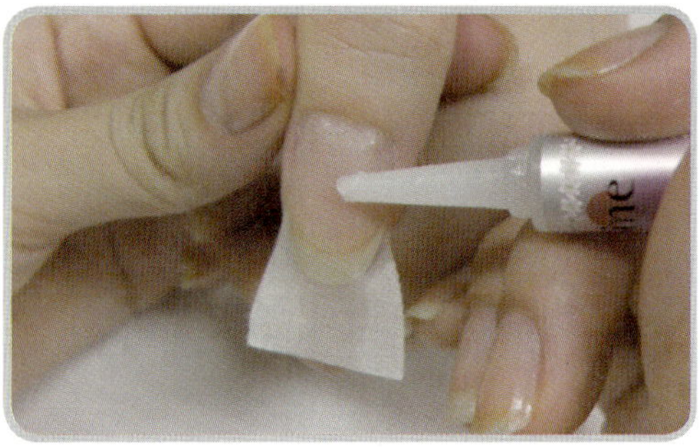

09 글루 드라이 뿌리기

글루 드라이를 뿌려주어 접착제가 빨리 마르도록 한다. 글루 드라이는 손톱에서 15~20cm 정도 떨어져 부사하여야 기포가 생기는 것을 방지 할 수 있다.

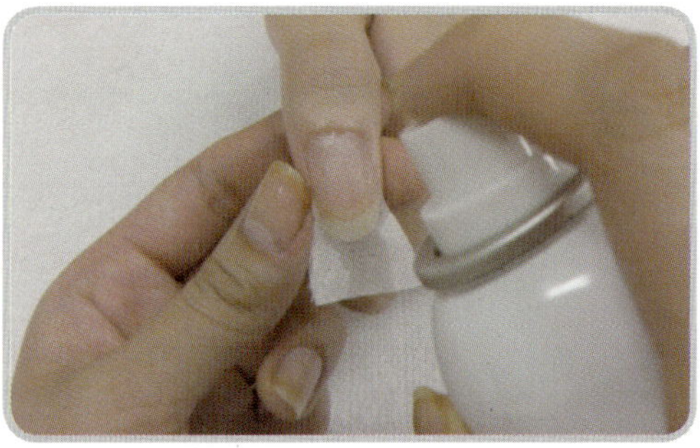

10 남은 실크 정리하기

자연 손톱 길이에 맞춰서 남은 실크를 파일로 갈아주고 실크와 손톱의 경계선인 실크 턱을 그릿수가 높은 파일로 정리한다.

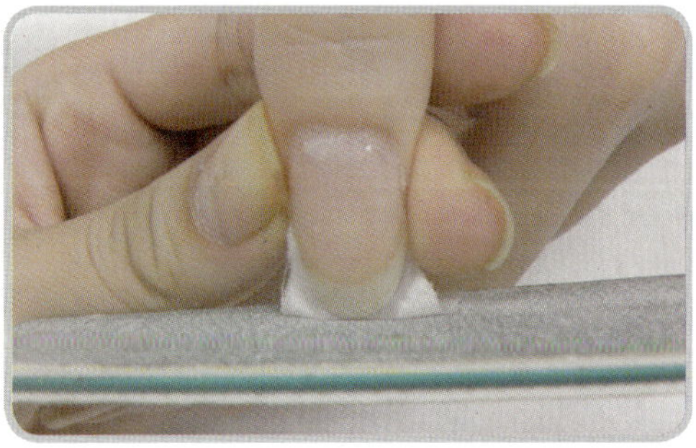

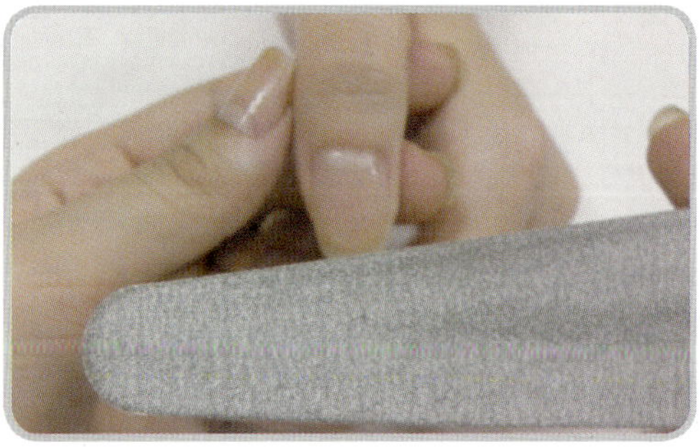

11 라이트 글루와 젤 글루 바르기

파일링한 실크 턱 부분과 손톱 전체에 라이트 글루와 젤 글루를 얇게 발라 준다.

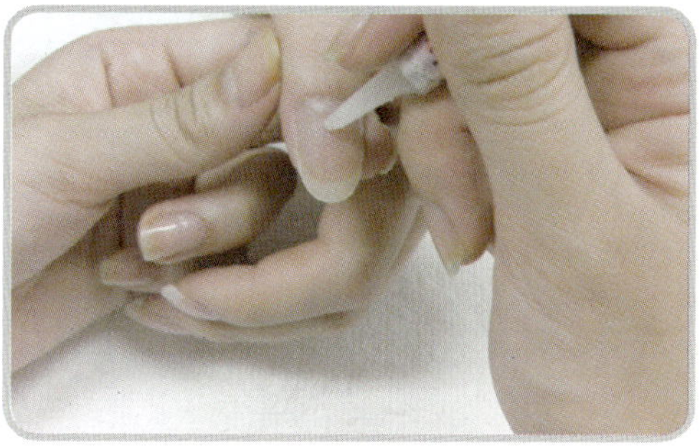

12 글루 드라이 뿌리기

글루 드라이를 뿌려주어 접착제가 빨리 마르도록 한다. 글루 드라이는 손톱에서 15~20cm 정도 떨어져 부사하여야 기포가 생기는 것을 방지 할 수 있다.

13 손톱 표면 정리

손톱 표면을 광버퍼나 3-Way를 이용해 광택을 낸다.

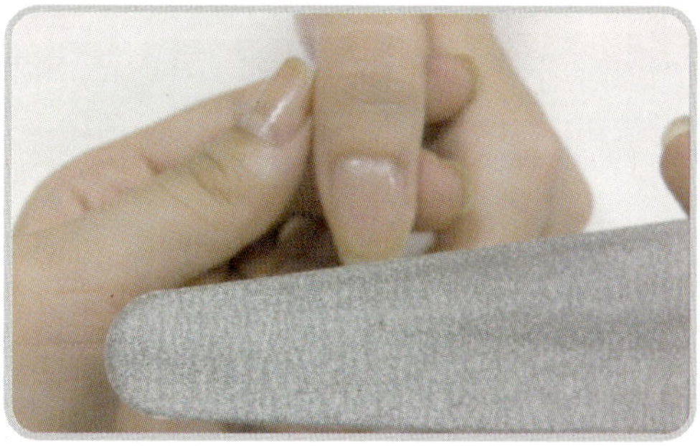

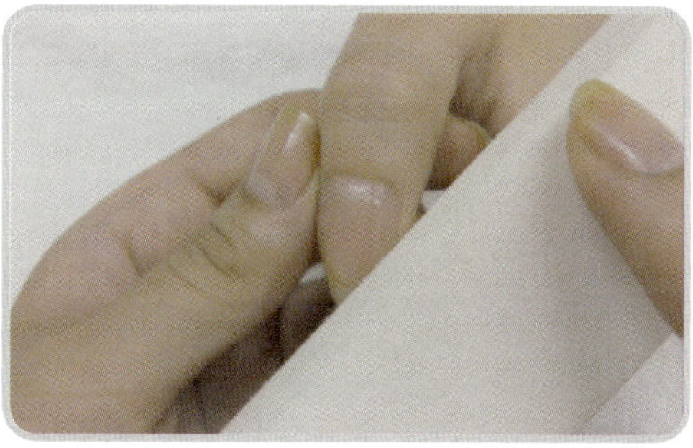

14 오일로 마무리하기

큐티클 주변에 오일을 바르고 가볍게 마사지를 한 후 닦아준다.

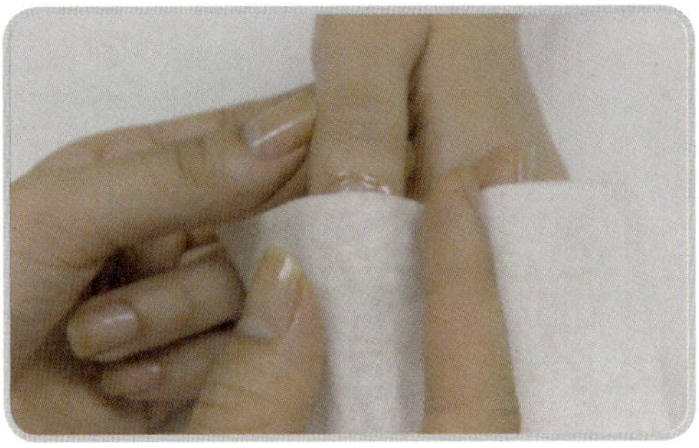

15 완성

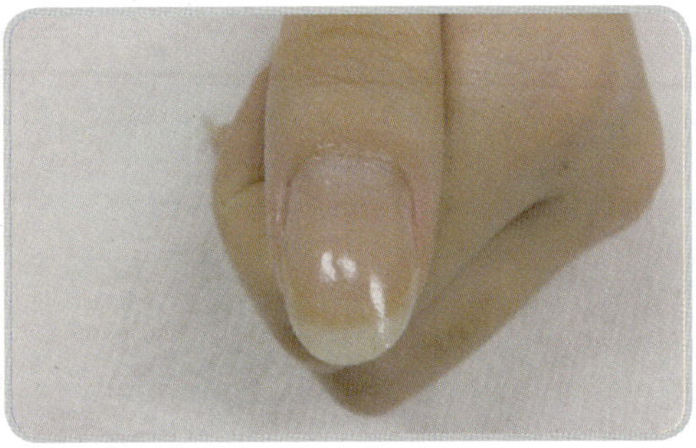

3. 팁 위드 랩 (Tip With Wrap)

팁 위드 랩이란 팁과 실크를 이용하여 손톱의 길이를 연장 시켜 주는 시술이다. 실크는 접착 후에 투명하게 나타나는 얇은 천이지만 튼튼하고 오래가는 특성이 있다. 그래서 팁 위에 실크를 붙여도 조직이 보이거나 투박한 느낌이 없이 자연스럽고 튼튼한 손톱을 유지할 수 있다.

준비물

1. 네일 기본세트(손 소독제, 폴리시 리무버, 우드스틱, 파일(100~180Grit), 샌딩, 알코올, 큐티클 연화제, 큐티클 오일, 더스트 브러시, 3-Way, 샤이너 & 광버퍼)
2. 기초 인소네일 세트(필러파우더, 글루, 젤글루, 글루 경화촉진제)
3. 네일랩(실크)
4. 실크가위
5. 클리퍼
6. 팁

[시술 순서]

01 손 소독하기

02 남은 에나멜 제거하기

03 큐티클 밀어 올리기

04 손톱 모양 잡기

고객의 손톱을 라운드로 다듬는다.

05 손톱 표면 유분 정리하기

그릿수가 높은 파일 (180Grit) 이나 화이트 버퍼를 사용하여 손톱에 에칭을 준다. 이때 지나친 에칭으로 자연손톱이 손상되지 않도록 주의하여야 한다.

06 팁 고르기

알맞은 사이즈의 팁을 고른 후, 글루나 젤글루를 웰 부분에 바른다.

07 팁 접착하기

손톱 끝에 팁을 45도 각도로 밀착한 후 공기가 생기지 않도록 서서히 올리며 접착한다.

08 팁 길이 정하기

팁커터를 사용해 손톱의 길이를 자른다.

09 팁 턱 제거

자연네일의 손상없이 팁의 턱을 제거해야 한다.

10 필러 파우더 뿌리기

필요한 경우 글루와 필러 파우더를 사용해 능선을 준다. 고객의 손톱 능선 모양이 꺼지거나 자연스럽지 못한 경우 시술을 한다.

11 표면 정리하기

파일을 사용해 필러가 뿌려진 표면을 매끄럽게 갈고, 화이트 버퍼로 샌딩하여 표면을 매끄럽게 한다.

12 실크 접착

실크는 큐티클에서 1.5mm 떨어지고, 양 사이드에는 정확하게 일치하도록 재단한 후 글루로 접착한다.

13 실크 턱 제거

파일을 사용해 실크턱을 제거한다. 이때 지나치게 파일하면 자연손톱의 손상이 있을 수 있으므로 주의하도록 한다.

14 글루바르기

글루나 젤글루를 바른다.

15 버핑하기

버퍼를 사용해 표면을 매끈하게 정리한다.

16 광택내기

큐티클 주변에 오일을 바르고 가볍게 마사지를 한 후 3-Way를 이용해 광택을 낸다.

4. 실크 익스텐션 (Silk Extension)

인조팁을 사용하지 않고 실크에 필러 파우더와 글루, 젤 글루를 이용하여 손톱 길이를 연장시키는 시술을 실크 익스텐션 (Silk Extension)이라고 한다. 실크 익스텐션은 고도의 테크닉을 필요로하는 네일 미용의 한 분야이다. 고객이 좀 더 긴 손톱을 원할 때, 또는 긴 손톱이 몇 개 부러졌을 때, 인조팁 보다 실크 익스텐션 시술이 훨씬 가볍고 자연스럽다. 그러나 손톱의 길이가 너무 짧아 하이포니키엄을 덮지 못했을 때는 인조 팁을 붙이는 것이 더 자연스럽다.

준비물

1. 네일 기본세트(손 소독제, 폴리시 리무버, 우드스틱, 파일(100~180Grit), 샌딩, 알코올, 큐티클 연화제, 큐티클 오일, 더스트 브러시, 3-Way, 샤이너 & 광버퍼)
2. 기초 인조네일 세트(필러파우더, 글루, 젤글루, 글루 경화촉진제)
3. 네일랩(실크)
4. 실크가위
5. 클리퍼

[시술 순서]

01 손 소독하기

02 에나멜 제거하기

03 큐티클 밀어 올리기

고객의 손에 에나멜이 있으면 제거하고, 큐티클 오일을 바르지 않는 상태에서 큐티클을 조심스럽게 밀어 올린다. 지저분한 부분은 니퍼로 제거 한다.

04 손톱 모양 다듬기

고객의 손톱을 라운드 모양으로 다듬는다.

05 손톱표면 유분기 제거

그릿수가 높은 부드러운 파일이나 화이트 버퍼를 이용해 손톱 표면에 에칭을 준다.

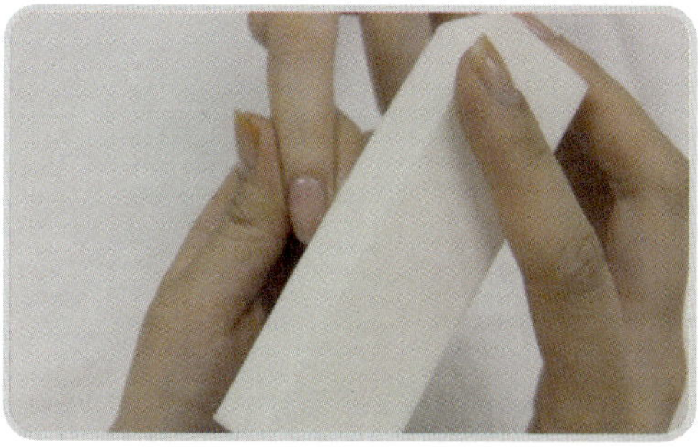

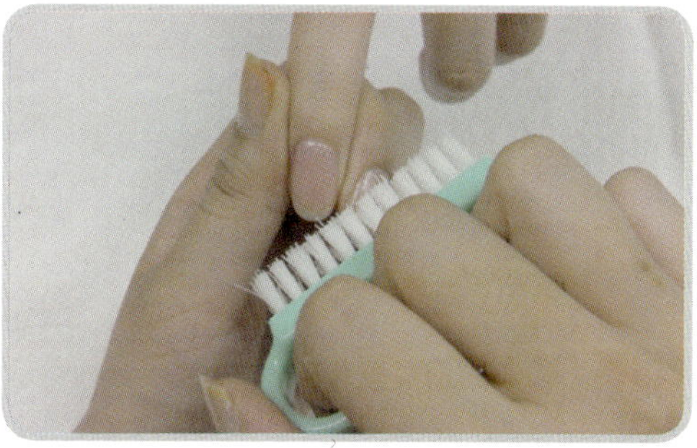

06 실크 재단하기

실크 결 방향대로 길이를 재어보고 자른후 자연손톱의 사이즈에 맞추어 재단한다. 실크를 재단할 때는 완만한 사다리꼴로 재단하여 큐티클에서 0.1cm 정도 떨어져서 접착하고, 양 스트레스 포인트쪽은 손톱에 정확하게 일치하도록 접착한다.

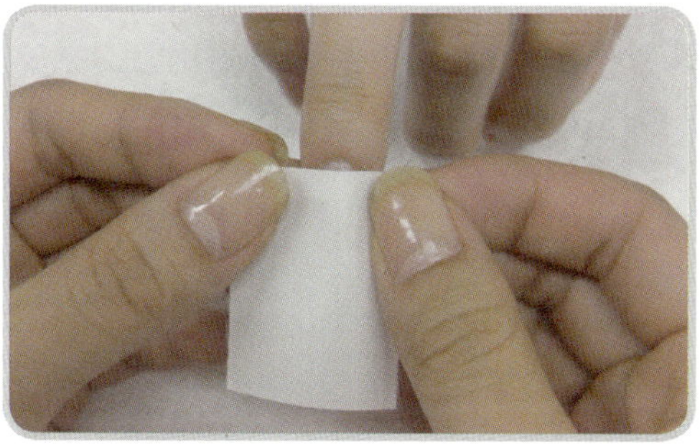

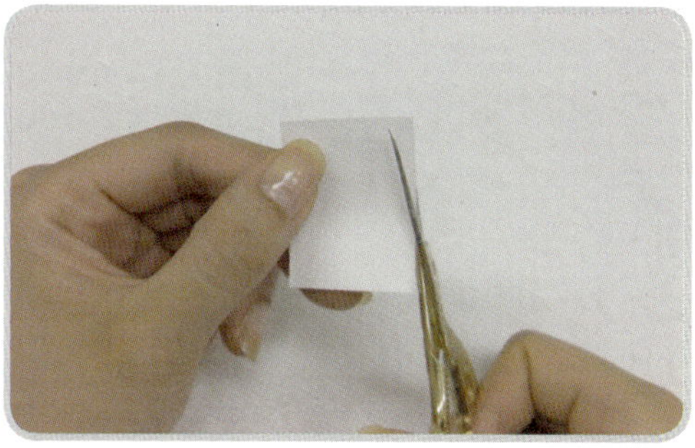

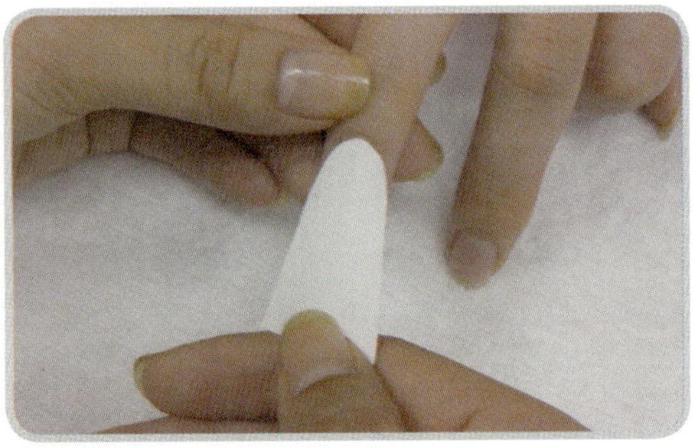
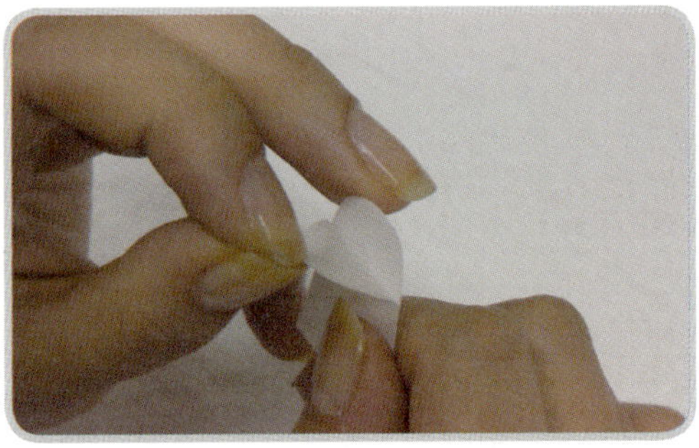
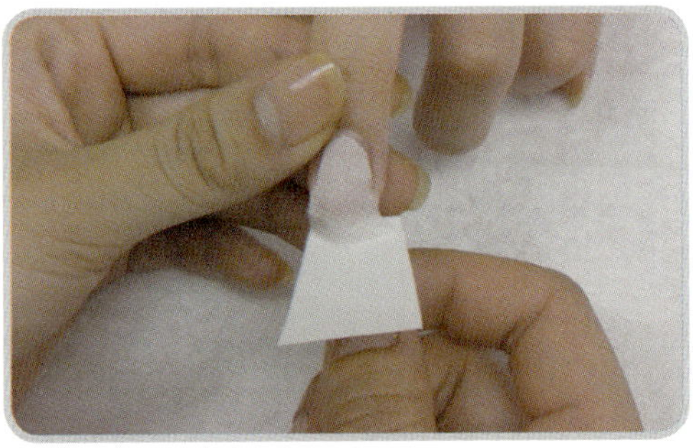
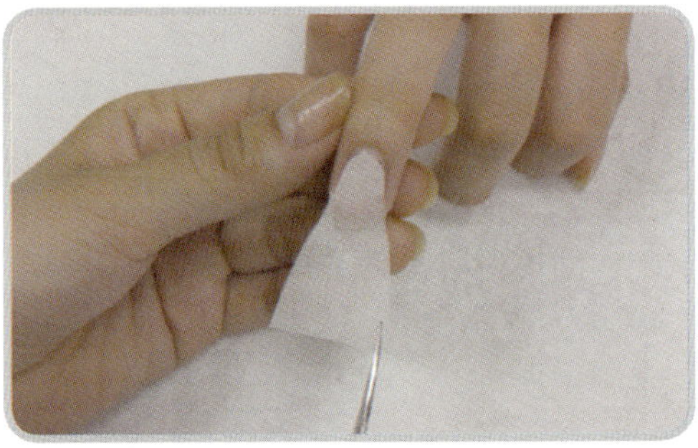

07 라이트 글루 바르기

손톱바디에 글루를 바르고 실크를 손톱 양 사이드에 밀착시킨다.

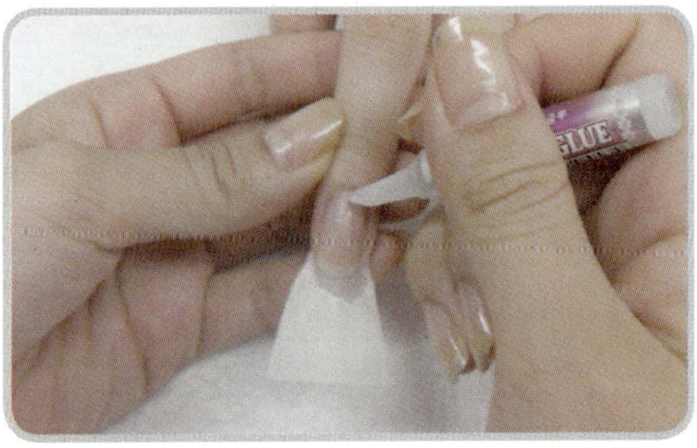

08 손톱 모양 잡기

실크를 자연 손톱에 밀착 시켜주면서 자연 손톱의 모양에 맞추어 C커브를 잡아준다. C 커브를 잡아 줄때는 엄지 손가락을 이용해서 잡아주어야 각이 없는 C커브가 만들어 진다.

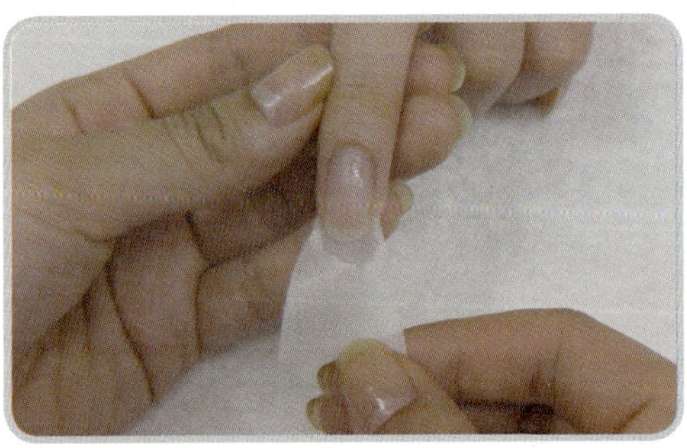

09 글루 드라이 뿌리기

글루 드라이를 뿌려주어 라이트 글루가 빨리 마르도록 한다. 글루 드라이는 손톱에서 15~20cm정도 떨어져 부사하여야 기포가 생기는 것을 방지 할 수 있다.

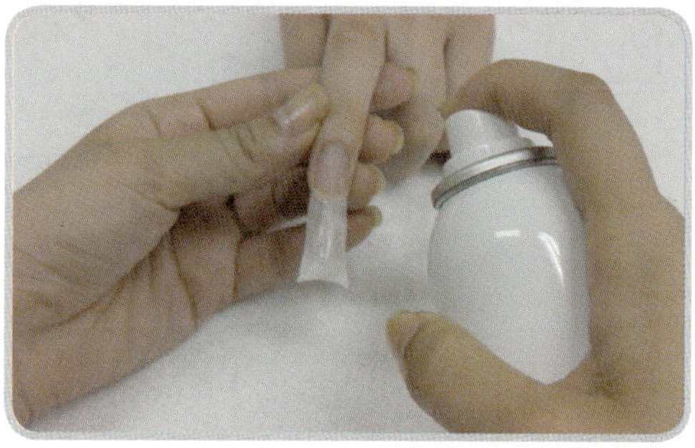

10 손톱 모양 잡기

글루 드라이를 뿌리고 난 후 한번 더 C커브를 잡아준다. 라이트 글루가 다 마른 다음에 모양을 잡을 려고 하면 실크가 부서지거나 금이 가기 때문에 때문에 완전히 마르기 전에 조심스럽게 모양을 만들어 준다.

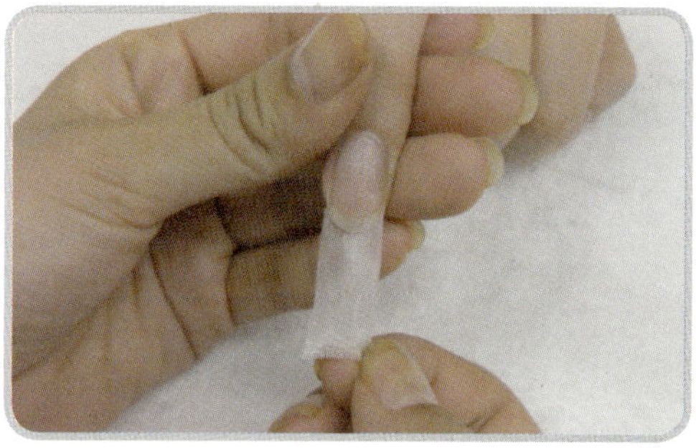

11 손톱 길이 조정하기

클리퍼를 이용해 손톱 길이를 원하는 연장 길이 보다 조금 길게 자른다.

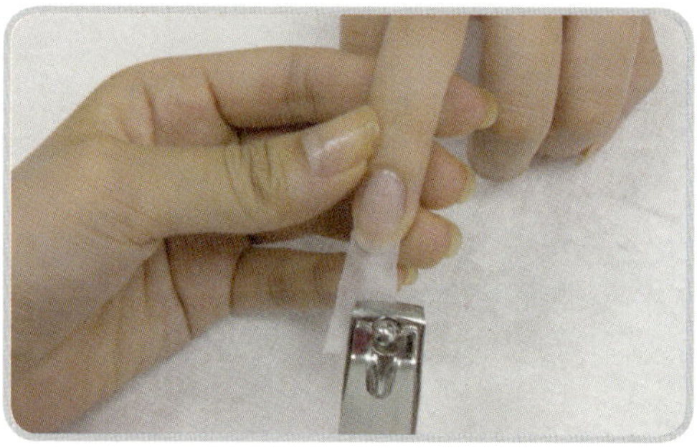

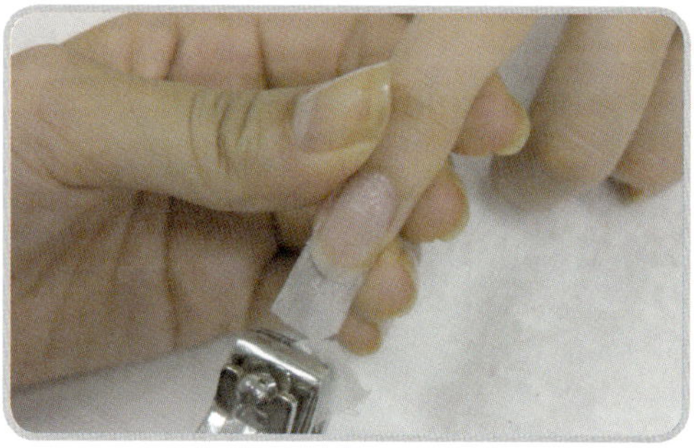

12 필러 파우더와 글루 도포

연장할 부분까지 글루를 바른 후 필러 파우더를 얇고 고르게 도포한다. 하이 포인트를 만들어 주고 라이트 글루와 필러 파우더를 뿌리는 작업을 반복해 가며 핀칭을 잡아준다. 이때 큐티클 주변에는 가급적 필러 파우더를 뿌리지 않는 것이 좋다. 필러는 소량을 여러번 나누어 도포해야 투명도가 좋아진다.

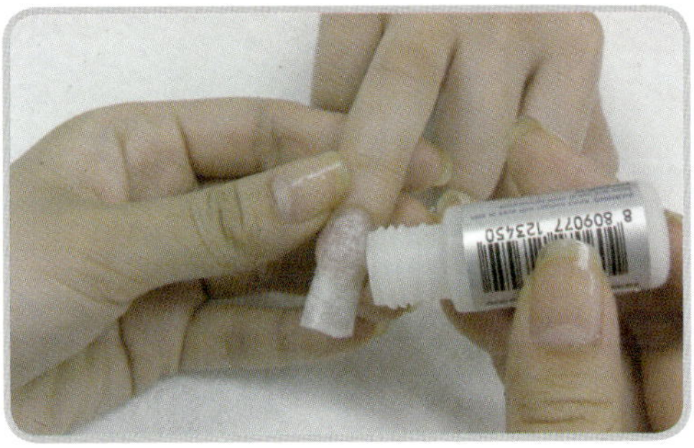

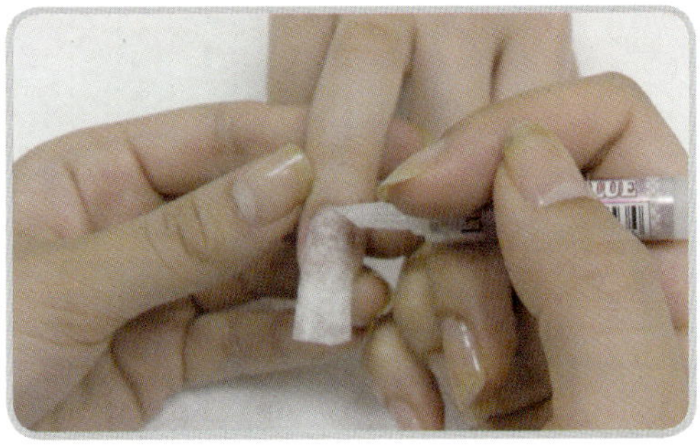

13 핀칭 넣기

스트레스 포인트 부분을 엄지 손톱으로 지긋이 눌러주면서 핀칭을 넣어준다.

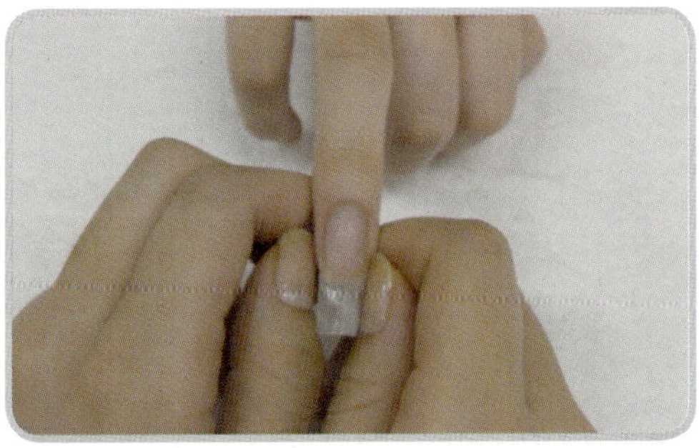

14 젤 글루 바르기

젤 글루로 손톱 전체를 발라준다.

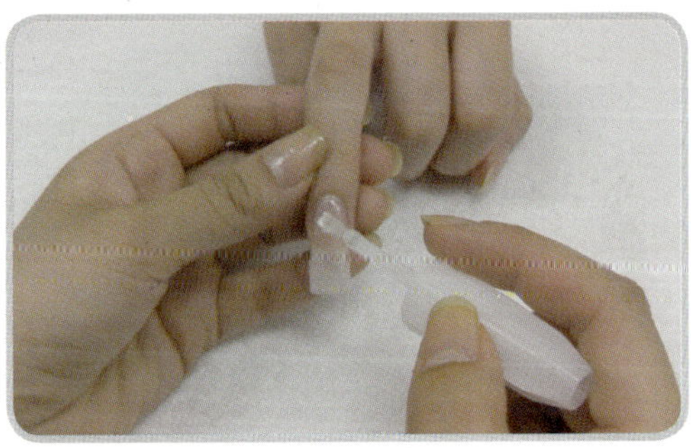

15 모양 잡고 표면 정리하기

파일을 사용하여 전체 모양을 파일링 한다. 180Grit 정도의 파일을 사용하여 표면을 갈아준 후 화이트 버퍼로 정리한다. 손톱 가루는 더스트 브러시로 프리에지 안쪽까지 깨끗하게 털어낸다.

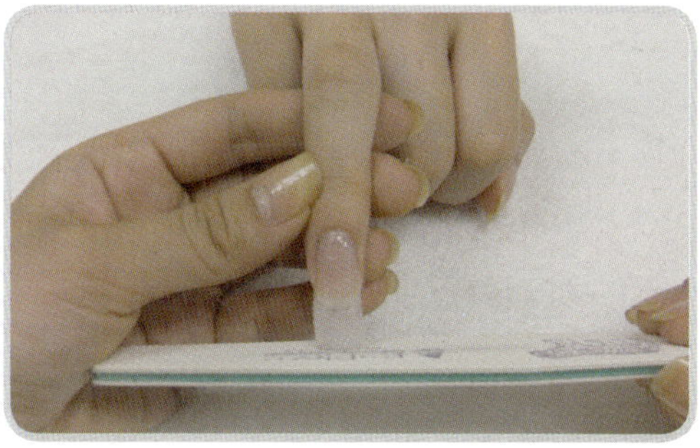
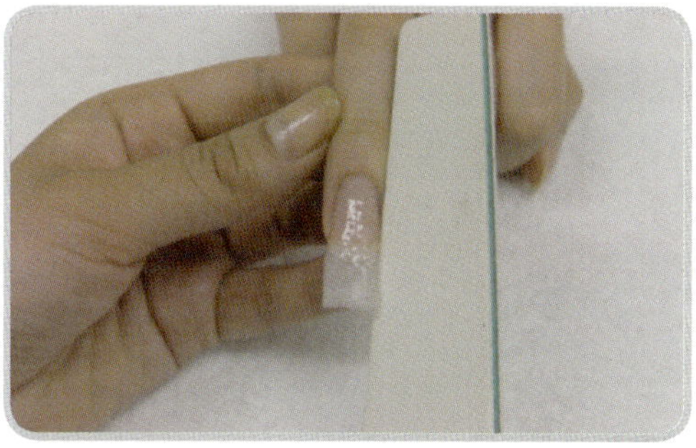
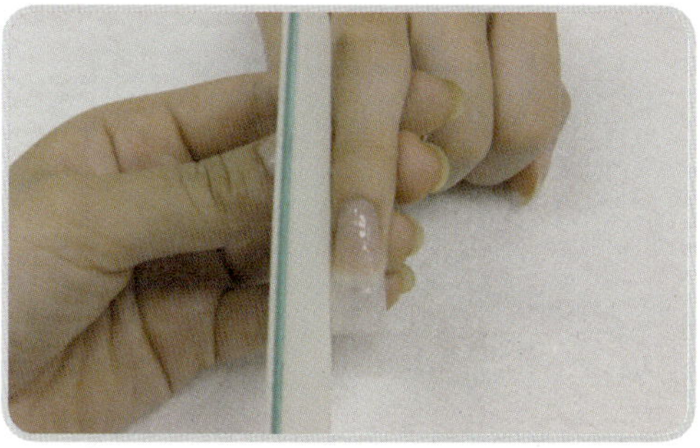
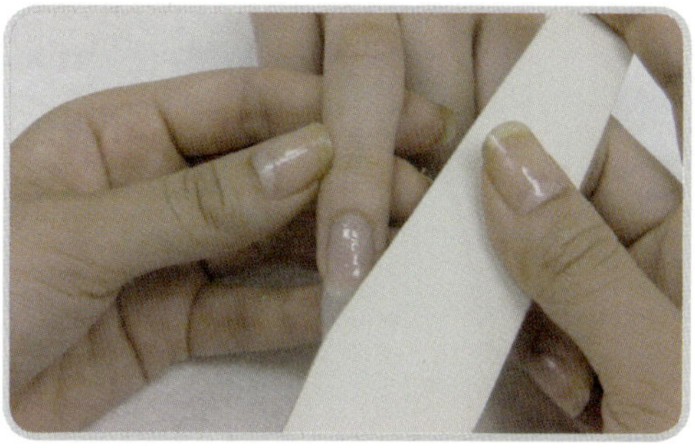
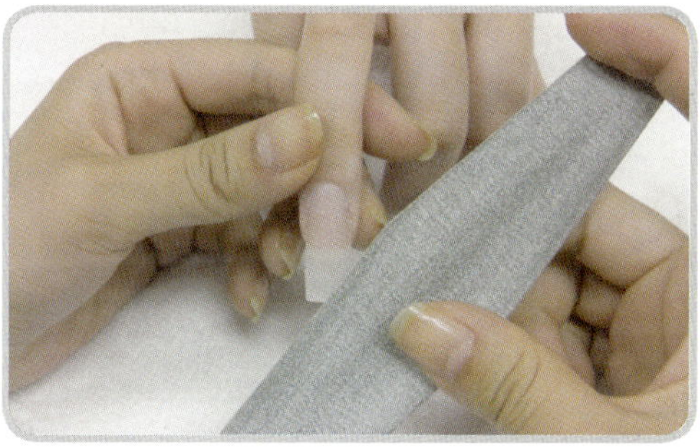
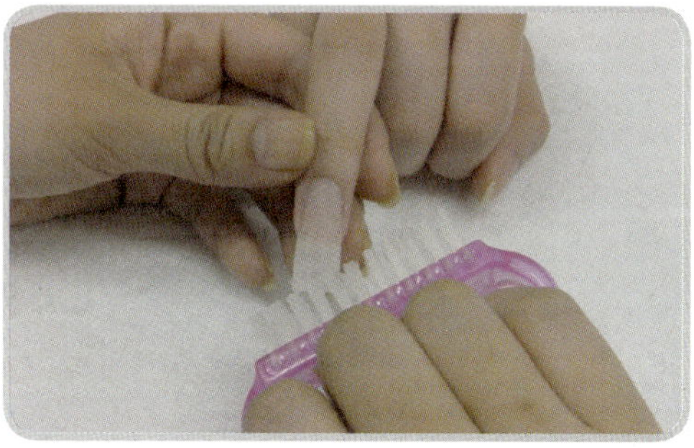

16 라이트 글루 및 젤 글루 바르기

먼지를 털어낸 손톱에 라이트 글루와 젤 글루를 바른다. 젤은 익스텐션의 강도를 높여주므로 생략하지 않는 것이 좋다. 강도가 약한 경우 반복적으로 바르기도 한다. 투명도를 높이기 위해서는 손톱 안쪽의 프리엣지 부분까지 라이트 글루를 얇게 발라준다. 글루 드라이를 손톱 표면에 뿌려 주어 빨리 마르게 하고 핀칭을 잡아준다.

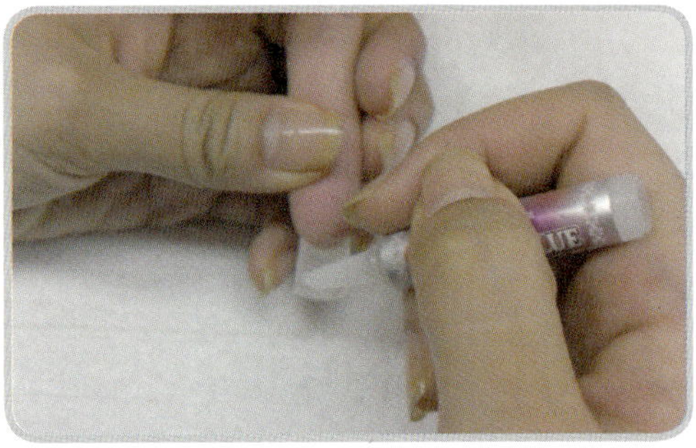

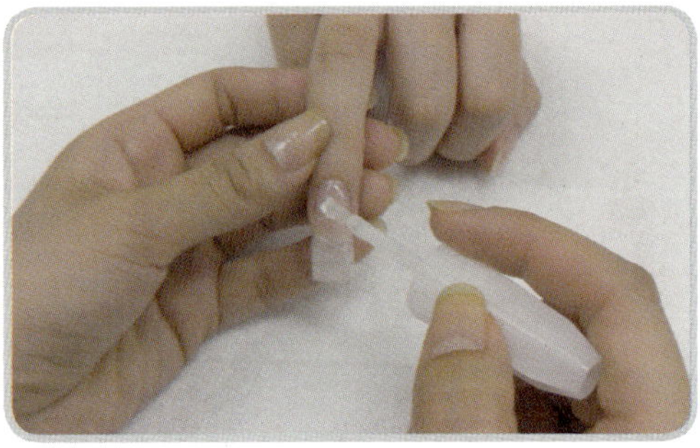

17 버핑 및 샌딩하기

버퍼로 손톱 전체를 고루 버핑하여 손톱 표면을 부드럽게 만들어 주고 손톱 밑의 거스르미도 깨끗하게 제거한다. 3-Way 등 광버퍼를 사용하여 광택을 낸다.

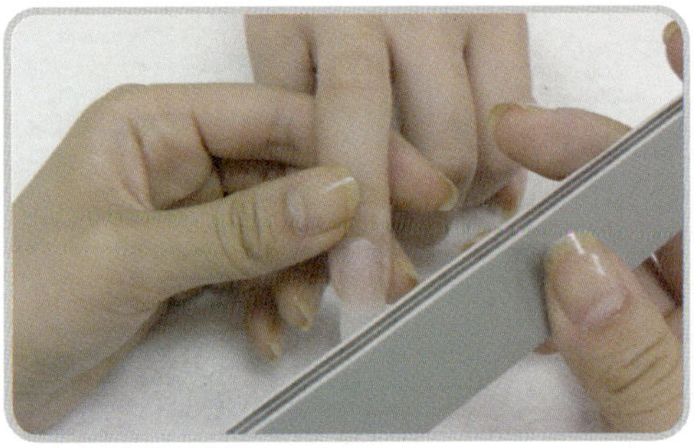

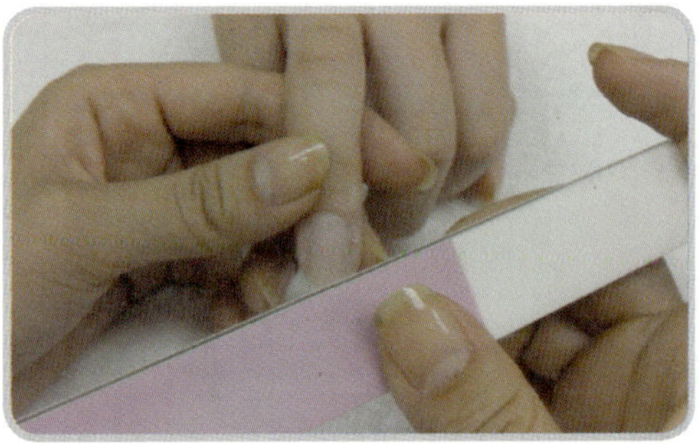

18 마무리

큐티클 오일을 큐티클 라인과 프리에지 안쪽까지 바르고 페이퍼 타월로 닦아준다.

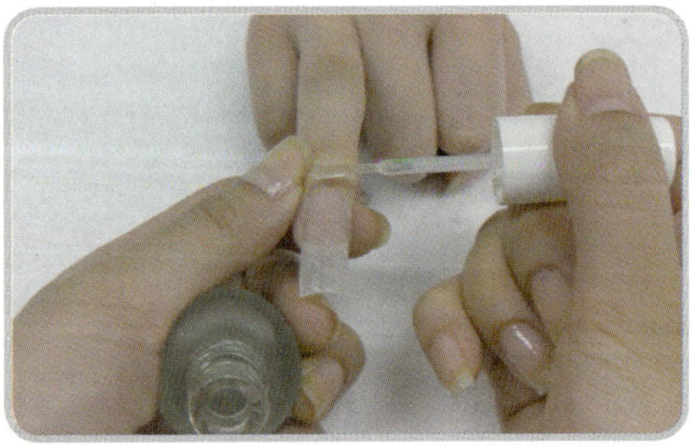

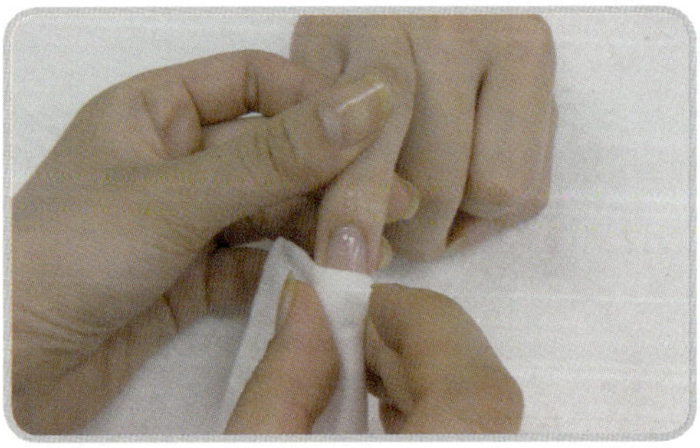

평가시 고려사항

- 수행준거에 제시되어 있는 내용을 성공적으로 수행할 수 있는지를 평가해야 한다.
- 평가자는 다음 사항을 평가해야 한다.
  · 네일랩 재단 방법에 따라 올바르게 작업하는 능력
  · 네일랩 부착 방법에 따라 올바르게 작업하는 능력
  · 네일랩의 접착상태를 점검하고 올바르게 작업하는 능력
  · 네일 접착제의 사용방법에 따라 올바르게 작업하는 능력
  · 필러 파우더 사용방법에 따라 올바르게 작업하는 능력
  · 랩 네일 프리에지 형태 조형 방법에 따라 올바르게 작업하는 능력
  · 인조네일 구조방법에 따라 올바르게 작업하는 능력

제4장 아크릴 네일 (Acrylic Nail)

1. 아크릴에 대한 지식과 준비물

1 아크릴이란

아크릴은 아크릴 파우더와 리퀴드를 섞어 적당한 크기의 볼을 만들어 손톱의 길이를 연장하는 것으로 인조손톱 시술의 한 종류이다.

아크릴의 재료는 치아 성형을 위한 덴탈 브러쉬 (Dental brush)로 아크릴 파우더를 섞어 치아 스컬프처를 한 것에서 유래되었다. 이런 치아 재료를 1950년 네일아트로 발전시켰으며 손톱을 연장시키고 아름답게 만드는 네일아트의 중요한 기술 중의 하나이다.

아크릴 네일은 UV자외선을 통과시키므로 자연네일에 위에 시술하여도 탄력성이 뛰어나며 잘 깨지지 않는 장점이 있고 손톱의 두께와 모양을 교정할 수 있는 단단한 인조네일이다.

아크릴의 기본물질은 다음과 같다.

- 모노머 (단량제, Monomer) : Solvent로 독특한 향을 지니며, 화학구조의 결합력이 가장 작은 구슬형태의 구형물질로 아크릴 Mixing을 위한 액상의 아크릴 리퀴드를 말한다.
- 폴리머 (복합체, Polymer) : 작은 구슬형태의 구형물질이 체인모양으로 연결된 화학구조를 가지므로 매우 단단한 고체의 복합체이며 리퀴드와 파우더가 결합되어 완성된 아크릴 네일이 폴리머이다.
- 카탈리스트 (Catalyst) : 아크릴 파우더에 사용되며 아크릴을 빨리 경화시키는 작용을 하는 첨가물질로 카탈리스트의 양의 조절로 경화속도를 조절할 수 있으며, 아크릴 파우더는 분말로 걸러만든 폴리머와 카탈리스트이다.

2 아크릴과 리퀴드의 배합

❶ 아크릴과 파우더의 배합 비율

리퀴드를 너무 묽게 하면 믹스된 볼이 옆으로 흘러 내리므로 라인 잡기가 어려우며 시간도 오래 걸리므로 손톱위에 올려 놓았을 때 흐르지 않은 상태가 가장 좋은 배합상태라고 할 수 있다. 리퀴드와 아크릴 파우더를 묻힌 상태에서 아크릴 볼을 살펴 가장 좋은 상태의 배합 비율을 찾아내야 한다. 이 때 가장 좋은 상태의 볼은 사용하는 용도에 따라 묽은 볼, 딱딱한 볼을 만들기 쉬울 것이다.

아크릴과 파우더의 배합이 적절하지 못하면 손톱에 작은 버블 (Bubble)이 생길 수 있으므로 이를 방지하기 위해 브러쉬에 리퀴드를 충분히 적신 다음 공기 버블을 제거한 후 볼을 만들어야 한다.

❷ 아크릴의 경화

아크릴의 경화시간은 아크릴을 파일링할 수 있을 때까지를 말하며 브러쉬 크기, 리퀴드 양, 파우더의 양에 따라 경화시간이 다르나 평균 경화시간은 2분 정도이다. 또 아크릴은 24시간이 지난 후에도 계속 수축되어 경화되고 수축되고 있다가 하루가 지나면 조금 조이는 느낌을 받는다. 파우더에 들어있는 카탈리스트에 따라 경화 속도가 차이가 나므로 시술자의 숙련도에 따라 파우더의 종류를 바꿔서 사용해 보는 것도 좋다.

❸ 아크릴 비드 (bead) 만드는 방법

- 리퀴드에 아크릴 브러쉬를 적시고 양을 조절한 후 아크릴 파우더에 살짝 찍어 동그란 볼을 만든다.
- 믹스춰 된 볼의 리퀴드의 양 조절은 매우 중요하다. 리퀴드와 파우더의 양 배합이 잘못되면 리프팅이 잘 되고 흰 점이 생기는 원인이 된다.
- 볼을 얹는 위치 : 프리에지 → 하이포인트 → 큐티클 라인 순으로 얹는다.
- 아크릴을 시술하기 가장 좋은 온도는 21~23℃가 적당하며, 온도가 낮을수록 잘 굳지 않는다.

3 아크릴의 가장 안전한 구조 만들기

❶ 사이드 스트레이트, 하이포인트

사이드 스트레이트는 고객의 손 상태에 상관없이 항상 곧아야 하나 하이포인트는 고객의 베드 길이에 따라 약간의 차이가 있는데 프리에지를 제외한 자연손톱의 2/3지점에서 자연스러운 아치형을 만들어야 한다.

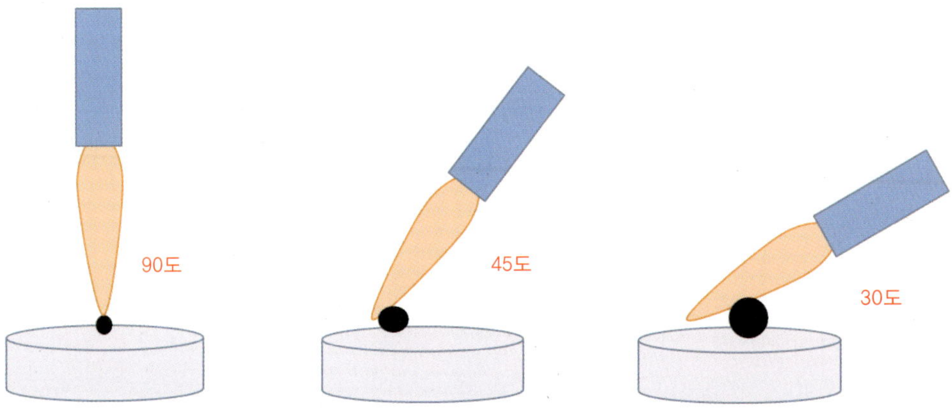

❷ C커브와 길이

손톱 위 (Concave)와 손톱 아래 (Convex)의 균형감을 말한다. 손톱 아래 원이 그려진다면 동그란 원의 절반, 즉 반원에 가까울수록 완벽하다고 할 수 있으며 원의 40%가 가장 예쁜 커브이고 대회용으로는 30~40%가 완벽하다.

완벽한 C-Curve를 위해서는 '핀칭'작업의 과정이 필요하다.

- 사용하고 있는 제품의 마르는 성질을 알고 핀칭 시간을 조절해야 하는데 파우더의 끝이 흐릿하게 되고 따뜻하게 느껴지면 핀칭을 넣어야 하는 시점이다. 첫 손가락의 손톱을 만든 뒤 두 번째 손가락에 폼을 끼우면 핀칭을 주기 좋은 시간이 되는데 약 8~10분의 시간이 소요된다.
- 스트레이트 포인트에 엄지손톱이나 핀칭봉을 이용해 힘을 주되 모델의 손톱 중앙에 붉게 혈이 모아지는 것을 보며 좌우 힘조절을 하면 된다.
- 네일 베드 부분의 길이가 1, 화이트 부분의 길이가 3/4일때 가장 황금비율이라고 할 수 있으며, 대회용은 1:1 비율로 화이트를 올린다. 하지만 길이를 결정할 때 가장 중요한

요소는 모델의 베드 길이이다. 베드가 넓은 모델에게 1:1은 너무 둔탁하고 무거우며, 베드가 좁고 작은 모델은 1:1로 시술하면 날카롭고 약해 보일 수 있다. 그러므로 네일베드의 크기, 넓이, 루눌러 부분의 모양에 따라 연장하는 손톱의 길이가 달라져야 조화와 균형을 이룰 수 있다.

4 아크릴 네일의 문제점과 원인

❶ 들뜸 (Lifting)

아크릴이 자연네일에서 분리되어 들뜨는 현상

- 아크릴 리퀴드와 파우더의 부적절한 혼합
- 자연손톱의 광택, 유분기, 수분기가 제거되지 않았을 때
- 큐티클 아래 반월부분에 너무 두껍게 올리거나 자연손톱과의 사이에 턱을 충분히 제거하지 못했을 때 습기가 들어가는 경우
- 불순물이 섞인 리퀴드나 아크릴파우더를 사용했을 때
- 프라이머가 오염되거나 공기나 빛에 노출되어 산성이 약화되었을 때
- 바디가 짧은 자연손톱에 팁을 길고 두껍게 붙였을 때
- 자연손톱 자체에 유분이나 수분이 많이 생길 때

❷ 깨짐 (Crack)

손톱에 어떤 충격이 가해져 어느 부분에 금이 가는 현상으로 실크에 비해 두껍지만 두께에 비해 잘 깨지는 편이다.

- 아크릴을 너무 얇게 올렸을 경우
- 부주의한 관리
- 낮은 온도 (겨울철에 잘 깨짐)
- 손톱 주변이 너무 건조할 때

❸ 곰팡이 (Fungus)

자연손톱과 인조손톱 사이에 습기가 스며들어 곰팡이가 생기는 현상

- 리프팅 된 네일을 방치했을 때
- 아크릴 보수 작업시 리프팅된 부분을 충분히 제거하지 않고 필인 (fill-in)했을 때
- 아크릴을 떼어내야 할 시기에 떼어내지 않고 보수작업만 했을 때 자연손톱에 수분이 자생하여 들떠 있을 때
- 물을 많이 사용하면서 고무장갑 착용을 안했을 때

5 아크릴 브러쉬

❶ 아크릴 브러쉬의 구조

- 팁 (Tip) : 붓의 끝 부분으로 볼을 만들 때 쓰는 세밀한 부분이므로 이 부분이 잘 모아져야 한다.
- 벨리 (Belly) : 붓의 중간 부분으로 리퀴드를 머금어 압력이 가해지면 리퀴드를 밀어내는 역할을 한다.
- 백 (Back, Base) : 붓의 중심축으로 붓을 사용하는 사람의 손놀림이 전달되는 지지대 역할을 하므로 이 부분이 튼튼해야 좋은 붓의 역할을 할 수 있다.

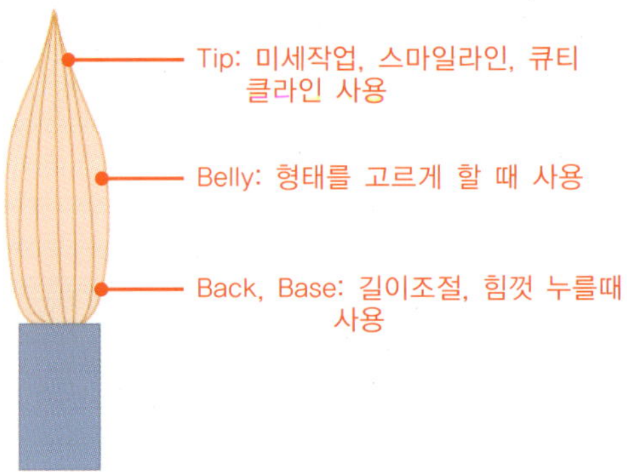

❷ 브러쉬의 역할

- 스마일라인 만들 때 사용
- 표면을 쓸어 내릴 때 사용
- 사이드 프리에지를 모아줄 때 사용
- 리퀴드를 저장하는 역할

❸ 아크릴 브러쉬의 관리 요령

- 브러쉬의 벨리부분에 아크릴 믹스쳐가 남아 있으면 브러쉬가 굳어서 사용할 수 없으므로 아크릴 볼을 한번 뜰 때마다 리퀴드에 세척하며 페이퍼 타월에 닦아야 깨끗한 상태로 사용할 수 있다. 리퀴드로 세척하기 힘들 경우 브러쉬 크리너를 사용한다.
- 브러쉬의 팁부분을 모으면서 사용한다.
- 브러쉬 사용 후 팁부분을 모아서 붓의 모를 아래로 향하게 보관한다. 거꾸로 보관할 경우 리퀴드 성분이 붓의 샤프트 부분에 쌓이면 붓놀림을 자유롭게 할 수 없게 되므로 주의해야 한다.

6 완벽한 아크릴 네일연장을 위한 Tip

❶ 아크릴 네일 연장을 오래 유지하기 위한 Tip

- 루즈스킨 제거를 깨끗이 한다.
- 애칭을 꼼꼼히 주되 루눌러 주변을 더 신경쓴다.
- 시술시 큐티클라인 부분과 사이드 월 부분이 얇게 시술되어야 리프팅이 되지 않고 오래간다.
- C-curve는 최소한 원의 30~40%이상이어야 구조상 더 단단하고 안정성이 있다.

❷ 파일링시 Tip

- 파일링 할 때 파일의 면 각도가 손톱 면과 수평이어야 이상적인 손톱의 모양이 된다.
- 스트레스 포인트가 너무 얇으면 그 부분이 잘 깨진다.
- 표면과 큐티클 부분은 100Grit파일, 180Grit파일, 샌딩, 광택 순으로 갈아야 광택을 냈을 때 파일자국이 남지 않고 매끄럽다.

❸ 낮은 온도에서 아크릴 시술시 Tip

아크릴은 낮은 온도에서 리퀴드와 파우더의 배합이 잘 안되고 빨리 깨지고 리프팅도 잘 되는 단점이 있으며 손톱이 수축되어 아크릴을 흡수하지 못한다. 그러므로 리퀴드와 디펜디쉬를 약간 따뜻하게 하고 고객의 손도 따뜻하게 유지하면서 시술 해 주는 것이 좋다.

2. 팁 위드 아크릴 (Tip with Acrylic)

팁 위드 아크릴은 인조네일을 붙인 후 좀 더 보강하는 의미로 아크릴을 덧 입혀 견고하게 만들어 주는 작업 방법을 말한다. 먼저 네일 팁으로 손톱을 연장 한 후 아크릴로 손톱의 두께를 올려주는 테크닉으로 필러 파우더를 사용할 때보다 투명도가 좋고 강하다. 보통 프렌치 팁에 내츄럴한 색상의 아크릴 파우더를 얹어서 만들어 준다.

분류번호 : 1201010420_16v3

능력단위 명칭 : 팁 위드 아크릴

능력단위 정의 : 팁 위드 아크릴이란 네일 연장을 통한 고객의 네일 보호와 미적 요구 충족을 위하여 인조네일 팁과 아크릴을 적용하여 작업 할 수 있는 능력이다.

능력단위요소	수행준거
1201010420_16v3.1 아크릴 네일 네일팁 적용하기	1.1 자연 네일의 크기와 모양에 따라 네일팁을 선택 할 수 있다. 1.2 고객의 취향에 따라 다양한 디자인팁을 선택 할 수 있다. 1.3 자연 네일의 상태에 따라 접착제를 선택 할 수 있다. 1.4 손가락과 손톱 방향 상태에 따라 네일팁을 부착 할 수 있다. 1.5 네일팁의 종류에 따라 팁과 자연 네일의 단차를 제거 할 수 있다. 【지 식】 ○ 네일팁에 대한 지식 ○ 네일 접착제에 대한 지식 ○ 네일 구조에 대한 지식 【기 술】 ○ 네일팁에 대한 능력 ○ 네일 접착제를 사용하여 작업하는 기술 ○ 네일 구조에 대한 적용 능력 【태 도】 ○ 정확하고 바른 네일팁을 부착하려는 자세 ○ 제품의 안전한 사용을 위한 노력 ○ 고객에게 불편함을 주지 않기 위한 노력

<table>
<tr><th>능력단위요소</th><th>수 행 준 거</th></tr>
<tr><td rowspan="7">1201010420_16v3.2
아크릴 적용하기</td><td>2.1 인조네일의 보강을 위하여 아크릴을 적용할 수 있다.
2.2 고객의 취향에 맞는 아크릴 컬러를 선택할 수 있다.
2.3 팁 위드 아크릴 네일의 형태를 조형할 수 있다.</td></tr>
<tr><td>【지 식】</td></tr>
<tr><td>○ 아크릴에 대한 지식
○ 아크릴 전용 브러시에 대한 지식
○ 오버레이에 대한 지식</td></tr>
<tr><td>【기 술】</td></tr>
<tr><td>○ 아크릴 사용 능력
○ 아크릴 전용 브러시 사용 능력
○ 오버레이에 능력</td></tr>
<tr><td>【태 도】</td></tr>
<tr><td>○ 정확하고 바른 오버레이 자세
○ 제품과 도구의 안전한 사용을 위한 노력
○ 고객에게 불편함을 주지 않기 위한 노력</td></tr>
<tr><td rowspan="5">1201010420_16v3.3
네일 파일 적용하기</td><td>3.1 팁 위드 아크릴 네일의 형태 완성을 위하여 네일 파일을 선택하여 작업할 수 있다.
3.2 인조네일의 견고함을 위하여 네일 구조에 맞춘 파일작업 작업을 할 수 있다.
3.3 광택과 완성도를 위하여 순차적인 네일 파일을 선택하여 작업 할 수 있다.</td></tr>
<tr><td>【지 식】</td></tr>
<tr><td>○ 네일 파일에 대한 지식
○ 네일 구조에 대한 지식</td></tr>
<tr><td>【기 술】</td></tr>
<tr><td>○ 네일 파일 특성에 따른 사용 능력
○ 파일작업 능력</td></tr>
</table>

능력단위요소	수 행 준 거
	【태 도】
	ㅇ 정확하고 바른 네일 파일작업 자세 ㅇ 제품의 안전한 사용을 위한 노력 ㅇ 고객에게 불편함을 주지 않기 위한 노력

준비물

❶ 네일 기본세트(손 소독제, 폴리시 리무버, 우드스틱, 파일(100~180Grit), 샌딩, 알코올, 큐티클 연화제, 큐티클 오일, 더스트 브러시, 3-Way, 샤이너 & 광버퍼)

❷ 아크릴 리퀴드 (Acrylic liquid) : 모노머 (monomer)라고도 하며 액체의 상태로 아크릴 파우더를 믹스 (mix)할 때 사용한다.

❸ 아크릴 파우더 (Acrylic powder) : 폴리머 (Polymer)라고 하며 분말상태로 여러 가지 기능과 다양한 색상의 파우더가 있다.

❹ 프라이머 (Primer) : 프라이머의 주 성분은 메타크릴산으로 단백질을 녹이는 작용을 하며, 아크릴이 자연네일에 잘 접착되도록 발라주는 촉매제로 pH발란스를 조절해 주며 방부역할을 해 박테리아의 성장을 억제하는 기능이 있어 인조손톱의 리프팅을 막는 중요한 역할을 하는 동시에 눈이나 피부에 묻는 경우 손상이 생길 수 있으니 닿지 않게 주의해야 한다.

❺ 아크릴 브러쉬 (Acrylic brush) : 아크릴 파우더와 리퀴드를 믹스한 비드 (bead)를 네일 위에 올릴 때 사용하는 아크릴 전용 브러쉬로 붓의 모양, 길이, 크기에 따라 여러 종류의 브러쉬가 있다.

❻ 브러쉬 크리너 (Brush cleaner) : 브러쉬를 세척할 때 사용하나 브러쉬의 털을 훼손할 수 있으므로 되도록 사용을 자제하고 리퀴드로 세척하는 것이 좋다.

❼ 팁 : 화이트나 컬러 팁을 준비한다.

❽ 디펜디쉬 (Deppen dish) : 아크릴 리퀴드를 덜어쓰는 용기

❾ 팁 커터기

❿ 아크릴 탑코트 (Acrylic topcoat)

⓫ 지혈제

[시술 순서]

01 손 소독

02 에나멜 제거

03 손톱모양 잡기

04 큐티클 밀기

큐티클 오일을 바르지 않는 상태이므로 큐티클을 조심스럽게 밀어 올린다. 지저분한 부분은 니퍼로 제거 한다.

05 유분기 제거하기

자연손톱의 유·수분과 광택을 제거하기 위해 버퍼나 부드러운 파일을 사용한다.

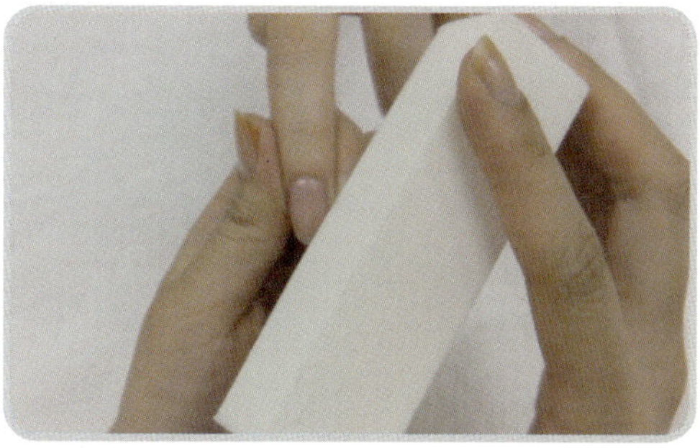

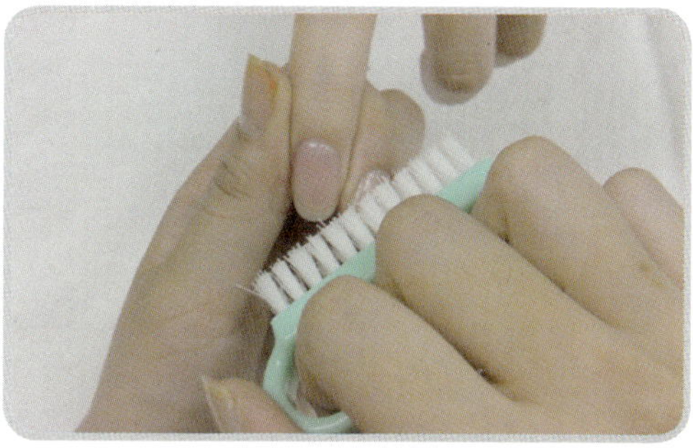

06 네일팁 접착

고객의 손톱 사이즈보다 조금 큰 팁을 고른 후 글루나 젤 글루를 사용해 팁을 접착한다.

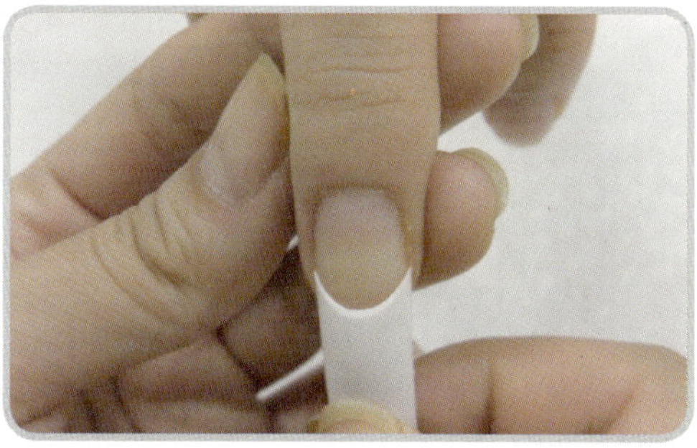

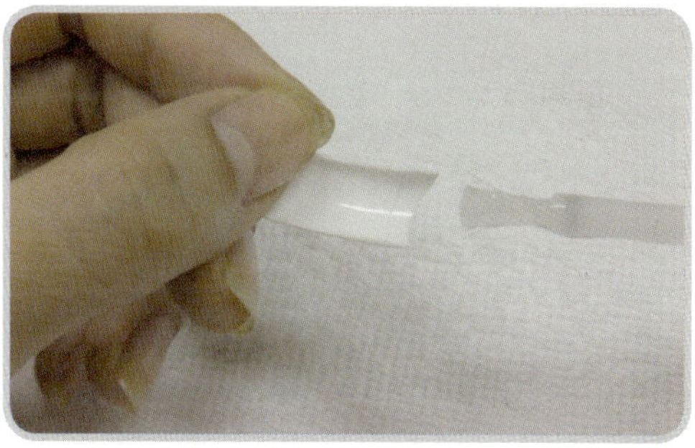

07 손톱길이 (팁) 조절

양쪽 엄지손가락으로 핀칭을 넣어준 후 고객이 원하는 손톱의 길이와 형태를 상의 해 팁을 자른다.

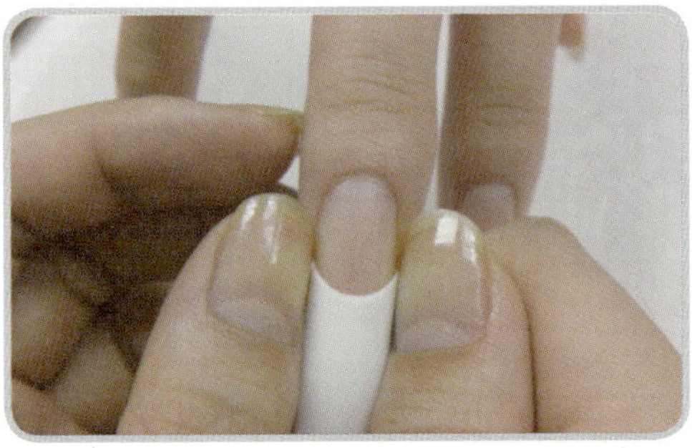

08 손톱 모양 만들기

고객이 원하는 손톱 모양과 길이를 조절한다. 모양을 잡을 때 양쪽 사이드를 너무 갈아 자연 손톱이 손상 되지 않도록 하며 자연 손톱의 폭보다 줄여서는 안된다.

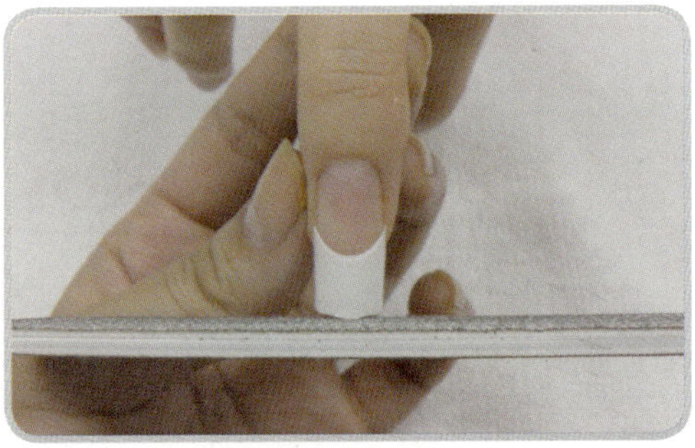
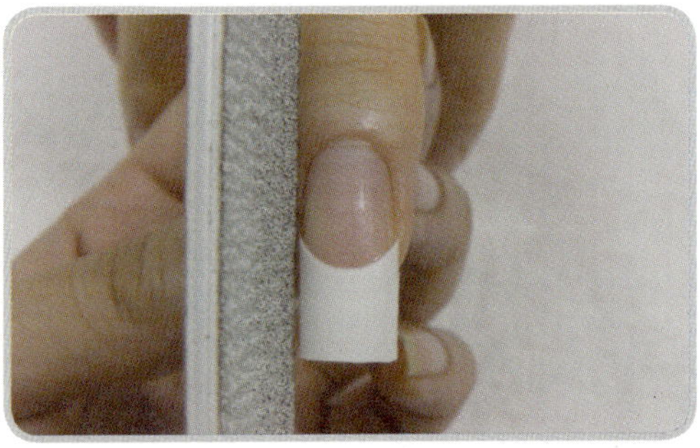
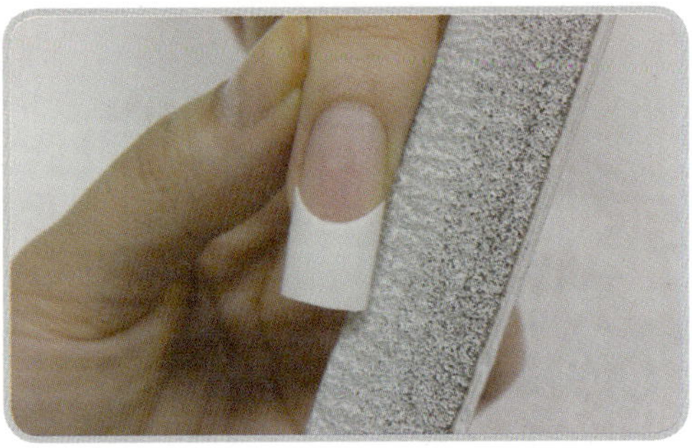

09 팁 유분기 제거하기

화이드 비피로 팁의 유분기를 제거하다.

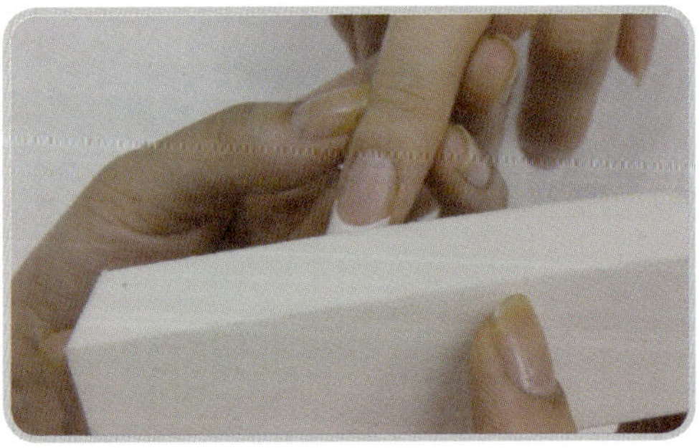

10 손톱 먼지 제거하기

유분기 제거 후에 생기는 가루를 더스트 브러시로 제거해 준다. 불필요한 가루가 있으면 리퀴드나 프라이머가 오염되어 아크릴이 들뜨는 원인이 되므로 깨끗하게 털어낸다.

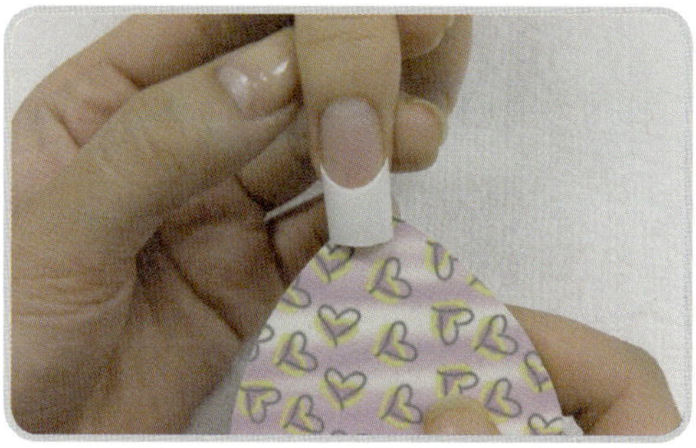

11 프라이머 바르기

피부에 닿지 않게 바른다.

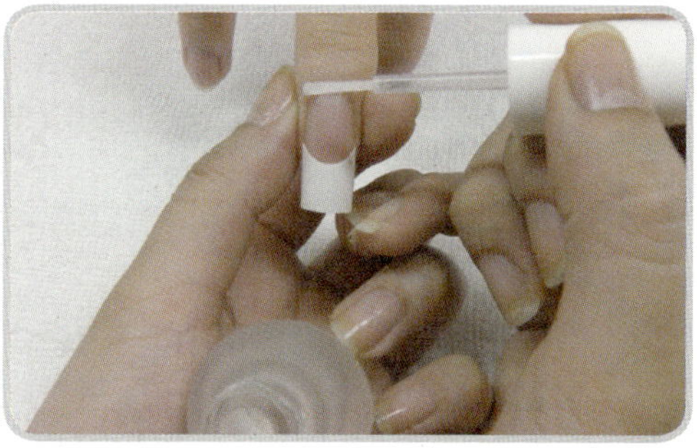

12 아크릴 파우더 및 리퀴드 준비하기

아크릴 파우더와 리퀴드를 준비하고 아크릴 브러시를 닦을수 있는 페이퍼 타월을 준비한다.

13 아크릴 볼 올리기

아크릴 브러쉬에 적당량의 리퀴드를 묻혀 아크릴 파우더에 넣고 볼을 만들어 주고 손톱의 길이에 따라 2~3번 아크릴 볼을 올린다. 이때 리퀴드 양이 적을 경우 아크릴 볼이 너무 빨리 건조되어 프리에지를 만들기가 어렵고, 리퀴드 양이 많을 경우에는 아크릴 볼이 흘러내려서 모양 만들기가 어려워지며 건조시간이 오랜 걸리고 단단함이 약해진다. 완전히 굳기 전에 양손 엄지손톱으로 사이드 스트레이트 부분에 핀칭을 넣어준다.

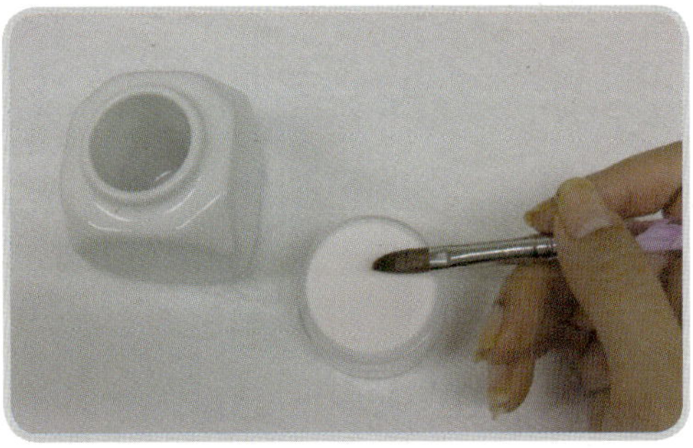

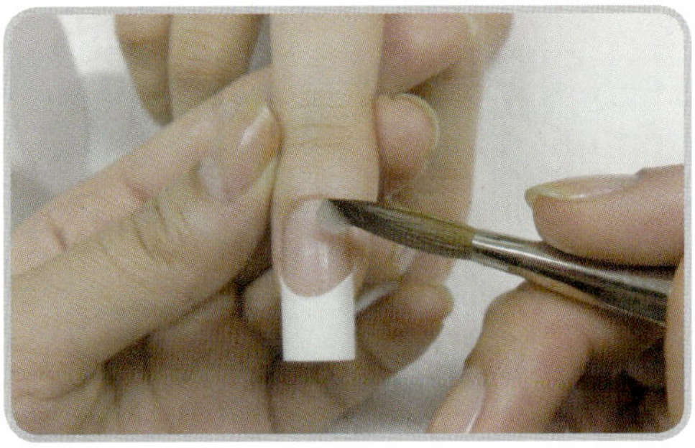
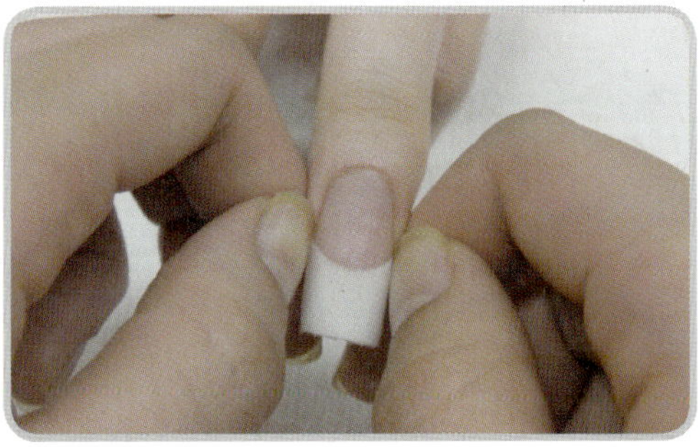

14 손톱 모양 다듬고 표면 정리하기

두드려서 맑고 경쾌한 소리로 아크릴의 경화 정도를 확인한다. 손톱 표면과 사이드를 그릿수가 낮은 파일부터 높은 파일 순으로 부드럽게 파일링 해준다. 손톱 두께와 하이포인트를 살려 파일링하고 균일한 프리에지의 두께로 마무리 한다. 남은 가루는 더스트 브러쉬로 깨끗하게 털어낸다.

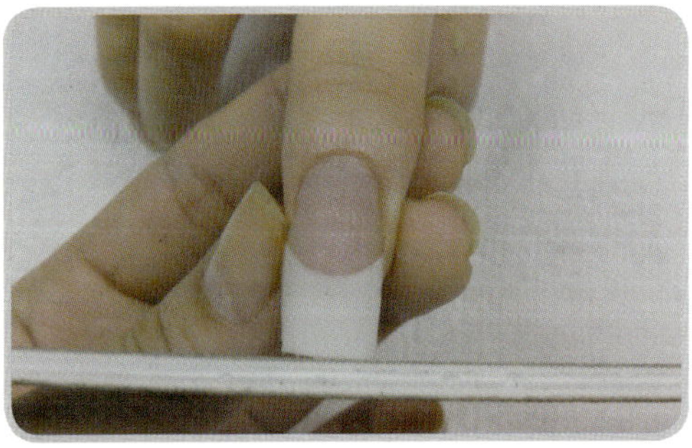
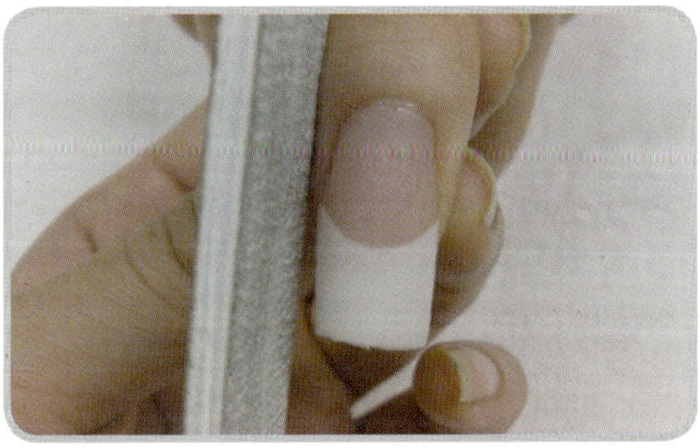

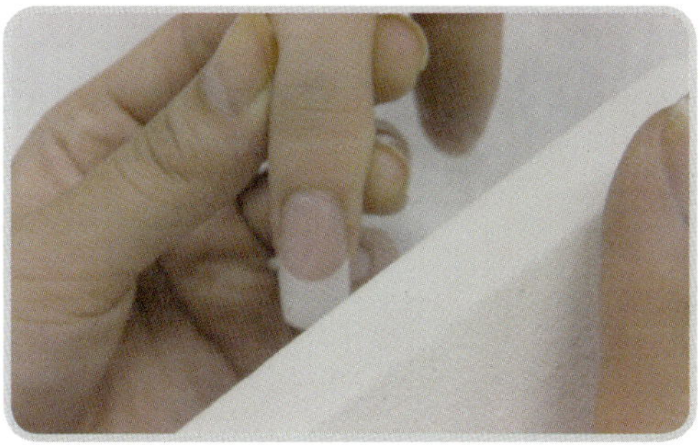

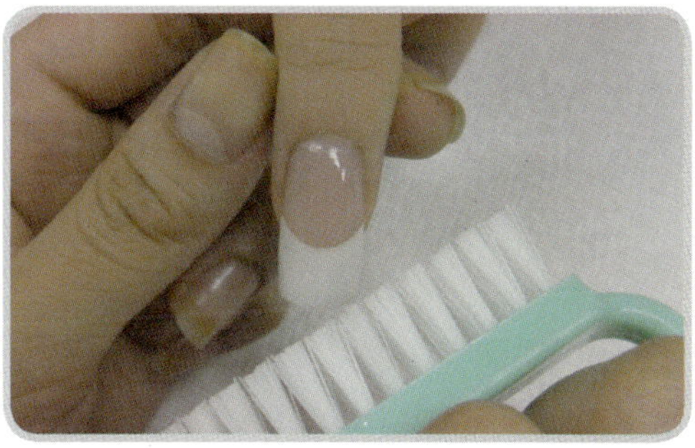

15 버핑 및 샌딩으로 광내기

광 버퍼로 버핑하여 손톱 표면의 결을 부드럽게 만들어 주고 프리에지 밑의 거스르미는 디스크 패드 등을 사용하여 깨끗하게 제거해 준다.

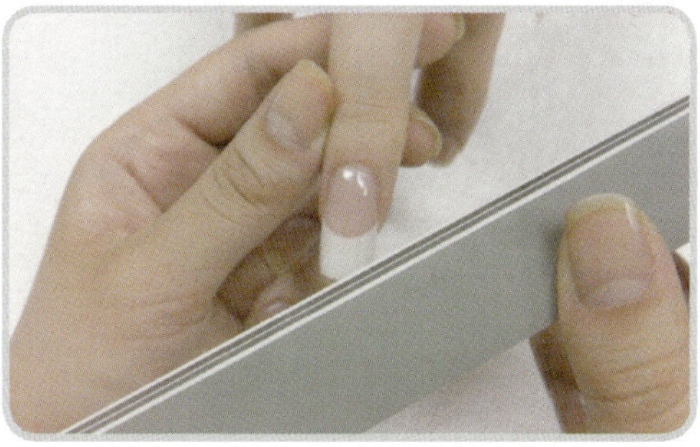

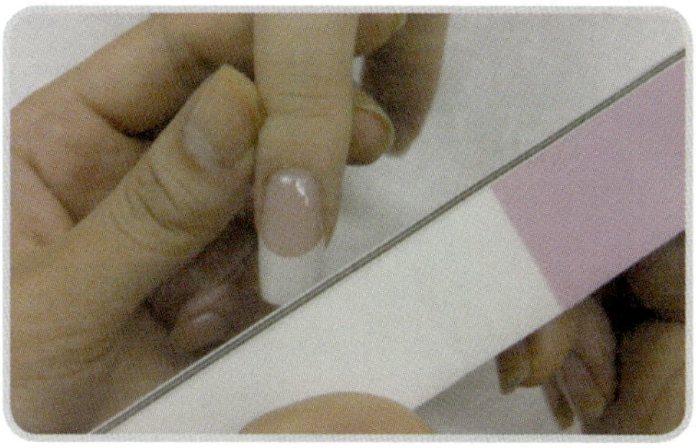

16 마무리

큐티클 라인에 큐티클 오일을 바르고 페이퍼 타월로 닦아낸다.

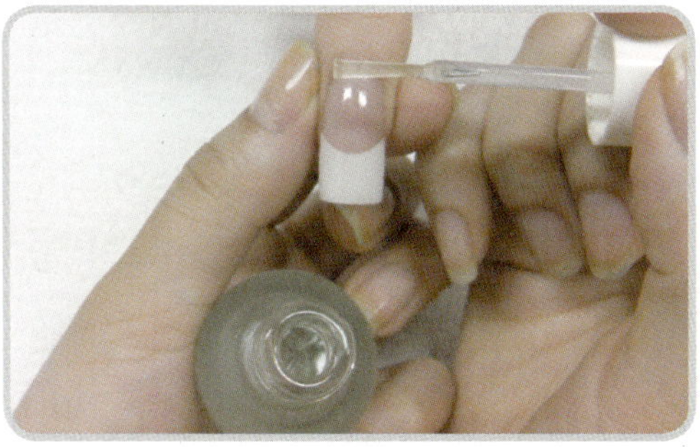

17 완성

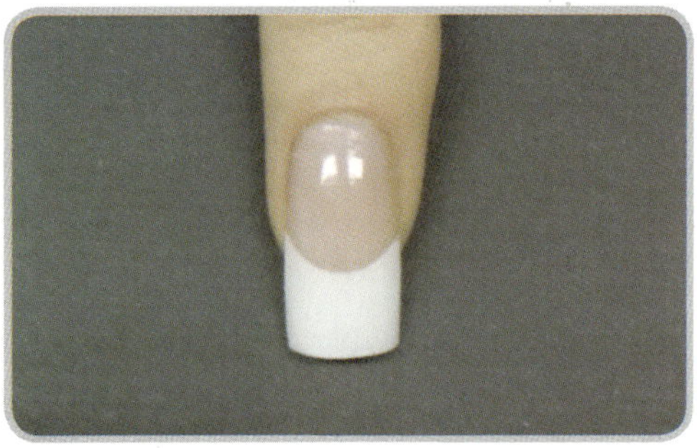

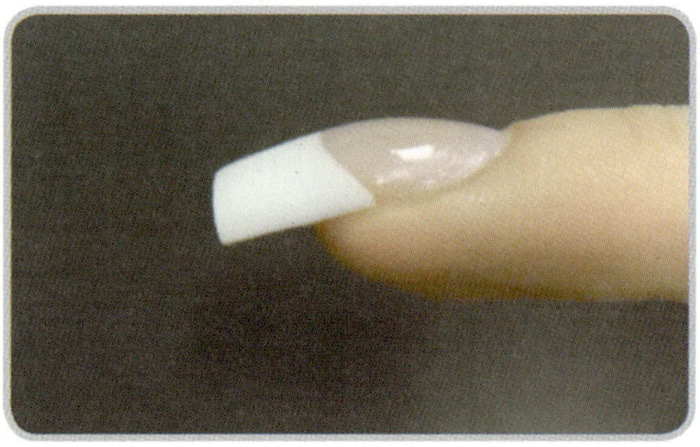

평가시 고려사항

- 수행준거에 제시되어 있는 내용을 성공적으로 수행할 수 있는지를 평가해야 한다.
- 평가자는 다음 사항을 평가해야 한다.
  · 알맞은 네일팁의 선택과 정확한 사용 능력
  · 선택된 네일 파일의 적용과 기술적인 숙련 여부
  · 랩 선택에 따라 작업 순서에 맞게 작업하는 능력
  · 네일의 표면 상태를 잘 파악하고 자연 네일에 손상을 주지 않는 능력
  · 작업 시 일어날 수 있는 응급 상황에 대한 대처 방법 숙지 여부
  · 인조네일의 구조 에 따른 균일함과 완성도의 정도

3. 아크릴 원톤 스컬프처 (Acrylic One Tone Sculpture)

아크릴 원톤 스컬프처는 개인의 취향에 따라 폼을 이용하여 손톱의 길이를 만드는 아크릴 기술로 팁 오버레이는 팁이 가지고 있는 c-커브를 맞춤할 수 없으나 스컬프처는 각 개인에 취향에 맞게 손톱의 크기와 길이, 모양을 연장할 수 있다.

분류번호 : 1201010407_16v3

능력단위 명칭 : 아크릴 네일

능력단위 정의 : 네일 연장을 통한 고객의 네일 보호와 미적 요구 충족을 위하여 네일 위에 전 처리 후 폼과 아크릴을 적용하고 마무리할 수 있는 능력이다.

능력단위요소	수행준거
1201010407_16v3.1 **아크릴 네일 화장물 숙련하기**	1.1 시술 매뉴얼에 따라 시술에 적합한 네일 길이 및 모양을 만들 수 있다. 1.2 네일 상태에 따라 표면정리를 통하여 제품의 밀착력을 높일 수 있다. 1.3 시술 매뉴얼에 따라 네일과 네일 주변의 각질 · 거스러미를 정리할 수 있다. 1.4 시술 매뉴얼에 따라 접착력을 높이기 위하여 전 처리제를 도포할 수 있다. 【지 식】 ○ 시술 매뉴얼에 대한 이해 ○ 네일의 구조 ○ 네일 특성 ○ 파일의 용도별 사용법 ○ 네일 프리엣지 형태의 이해 ○ 더스트 브러시의 바른 사용법 ○ 전 처리제의 성분의 이해

능력단위요소	수 행 준 거
1201010407_16v3.1 아크릴 네일 화장물 숙련하기	【기 술】 ○ 파일의 용도별 사용 능력 ○ 네일표면 정리 능력 ○ 네일 길이 조각 능력 ○ 더스트 브러시의 사용 능력 ○ 전 처리제의 사용 능력 【태 도】 ○ 정확하고 바른 파일링 자세 ○ 제품의 안전한 사용을 위한 노력
1201010407_16v3.2 아크릴 원톤 스컬프처하기	2.1 시술 매뉴얼에 따라 네일과 폼 사이에 틈이 없도록 폼을 끼워 줄 수 있다. 2.2 고객의 손 상태에 따라 손 전체의 균형과 방향을 고려하여 폼을 끼울 수 있다. 2.3 시술 매뉴얼에 따라 수평이 되도록 정확하게 폼을 끼울 수 있다. 2.4 조형된 인조 네일의 손상 없이 네일 폼을 제거할 수 있다. 【지 식】 ○ 시술 매뉴얼에 대한 이해 ○ 네일의 구조 ○ 네일 폼 적용방법 【기 술】 ○ 네일 폼 적용 능력 ○ 네일 폼 제거 능력 【태 도】 ○ 정확하고 바른 네일 폼 적용 노력 ○ 고객에게 불편함을 주지 않기 위한 노력

<table>
<tr><th>능력단위요소</th><th>수 행 준 거</th></tr>
<tr><td rowspan="7">1201010407_16v3.3
아크릴 프렌치 스컬프처하기</td><td>3.1 제품설명서에 따라 아크릴 제품 전체의 사용법을 파악할 수 있다.
3.2 제품 사용법에 따라 아크릴 시술을 수행할 수 있다.
3.3 시술 매뉴얼에 따라 모노머와 폴리머를 적절하게 혼합할 수 있다.
3.4 시술 매뉴얼에 따라 정확한 각도와 방법으로 아크릴 브러시를 사용할 수 있다.
3.5 고객의 손톱 상태에 따라서 시술 방법을 선택할 수 있다.
3.6 고객의 요청에 따라 네일 위에 보강하거나 원톤 스컬프처, 내추럴 스컬프처, 프렌치 스컬프처, 디자인 스컬프처를 선택하여 시술할 수 있다.
3.7 고객의 네일 형태에 따라 인조 네일의 모양을 보정할 수 있다.</td></tr>
<tr><td>【지 식】</td></tr>
<tr><td>○ 시술 매뉴얼에 대한 이해
○ 모노머의 특성에 대한 지식
○ 폴리머의 특성에 대한 지식
○ 모노머의 화학 반응에 대한 지식
○ 아크릴 전용브러시의 재질에 대한 지식
○ 아크릴 전용브러시 사용방법
○ 네일의 구조
○ 중합체의 특성에 대한 지식</td></tr>
<tr><td>【기 술】</td></tr>
<tr><td>○ 모노머, 폴리머 분업능력
○ 아크릴 시술 능력
○ 인조 네일 모양 보정 능력</td></tr>
<tr><td>【태 도】</td></tr>
<tr><td>○ 브러시를 정확하고 바르게 적용하려는 노력
○ 제품의 안전한 사용을 위한 노력
○ 고객에게 불편함을 주지 않기 위한 노력</td></tr>
</table>

준비물

❶ 네일 기본세트(손 소독제, 폴리시 리무버, 우드스틱, 파일(100~180Grit), 샌딩, 알코올, 큐티클 연화제, 큐티클 오일, 더스트 브러시, 3-Way, 샤이너 & 광버퍼)

❷ 아크릴 리퀴드 (Acrylic liquid) : 모노머 (monomer)라고도 하며 액체의 상태로 아크릴 파우더를 믹스 (mix)할 때 사용한다.

❸ 아크릴 파우더 (Acrylic powder) : 폴리머 (Polymer)라고 하며 분말상태로 여러 가지 기능과 다양한 색상의 파우더가 있다.

❹ 프라이머 (Primer) : 프라이머의 주 성분은 메타크릴산으로 단백질을 녹이는 작용을 하며, 아크릴이 자연네일에 잘 접착되도록 발라주는 촉매제로 pH발란스를 조절해 주며 방부역할을 해 박테리아의 성장을 억제하는 기능이 있어 인조손톱의 리프팅을 막는 중요한 역할을 하는 동시에 눈이나 피부에 묻는 경우 손상이 생길 수 있으니 닿지 않게 주의해야 한다.

❺ 아크릴 브러쉬 (Acrylic brush) : 아크릴 파우더와 리퀴드를 믹스한 비드 (bead)를 네일 위에 올릴 때 사용하는 아크릴 전용 브러쉬로 붓의 모양, 길이, 크기에 따라 여러 종류의 브러쉬가 있다.

❻ 브러쉬 크리너 (Brush cleaner) : 브러쉬를 세척할 때 사용하나 브러쉬의 털을 훼손할 수 있으므로 되도록 사용을 자제하고 리퀴드로 세척하는 것이 좋다.

❼ 네일 폼 (Nail Form)

❽ 디펜디쉬 (Deppen dish) : 아크릴 리퀴드를 덜어쓰는 용기

❾ 아크릴 탑코트 (Acrylic topcoat)

❿ 지혈제

[시술 순서]

01 손소독 하기

02 에나멜 제거하기

03 손톱모양 잡기

04 큐티클 밀기

45도 각도로 푸셔를 이용해 큐티클을 밀어 주되 손톱 표면이 긁히지 않게 한다. 큐티클 오일을 바르지 않은 상태이므로 조심스럽게 밀어준다.

05 유분기 제거하기

자연손톱의 유·수분과 광택을 제거하기 위해 180그릿 파일로 손톱 표면의 투명한 부분을 벗겨 준다는 생각으로 버퍼나 부드러운 파일을 사용하여 얇게 갈아준다.

06 프라이머 바르기

피부에 닿지 않게 조심해서 손톱표면에만 바른다.

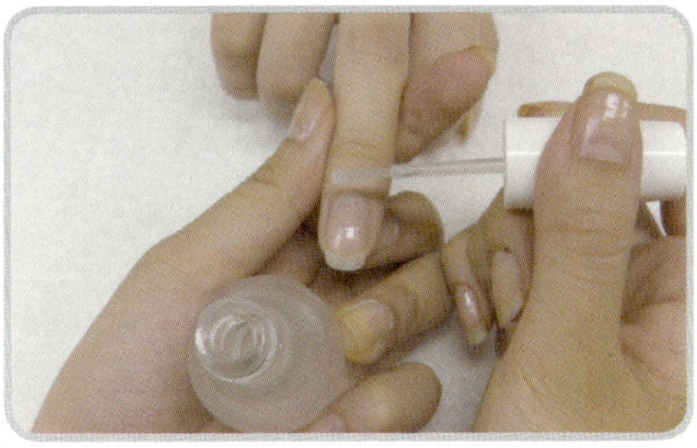

07 네일 폼 끼우기

네일 폼이 너무 쳐지거나 올라가지 않게 자연 네일과 프리에지 부분에 밀어 넣고 각도와 방향을 조절하며, 자연네일과 폼 사이에 빈 공간이 없어야 하며 네일 폼이 하이포인트보다 높지 않게 수평을 이루는 것이 이상적인 손톱연장을 할 수 있다.

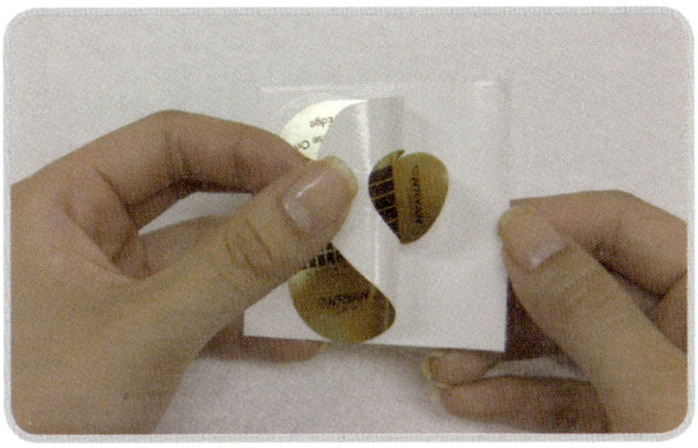

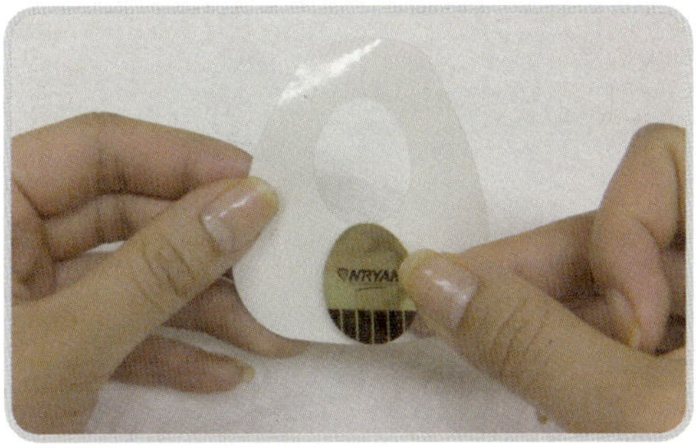

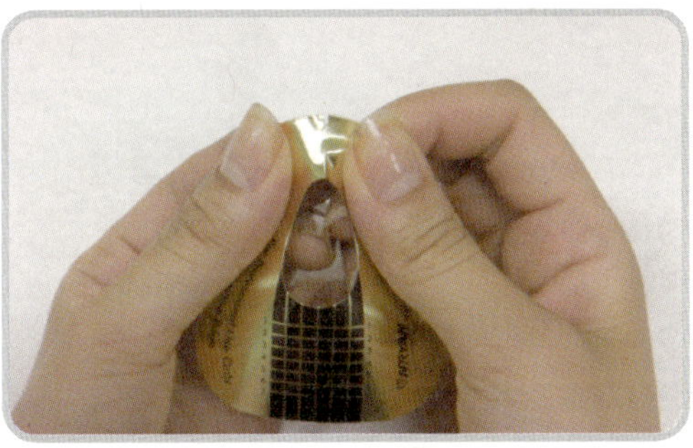

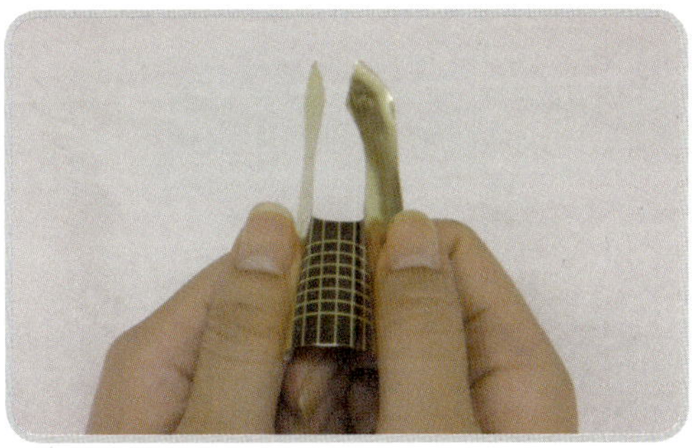

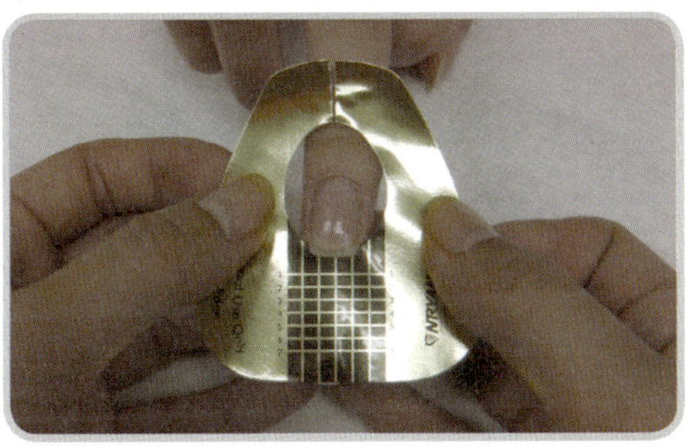

08 가위로 재단하기

네일 폼을 둥글게 모아서 자연 손톱에 맞추어 본 후 옐로우 라인에 맞춰 가위로 재단한다. 네일 폼을 자연 손톱의 C커브 보다 더 작게 모아서 옐로우 라인에 끼워 준다. 자연손톱과 폼 사이에 틈이 생기지 않도록 잘 맞춰 끼워준다.

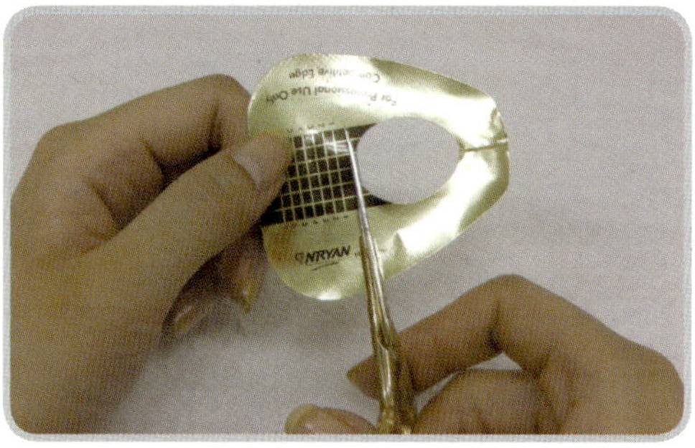

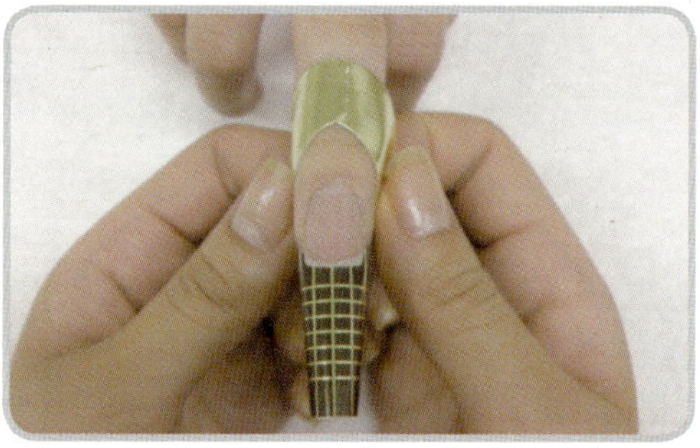

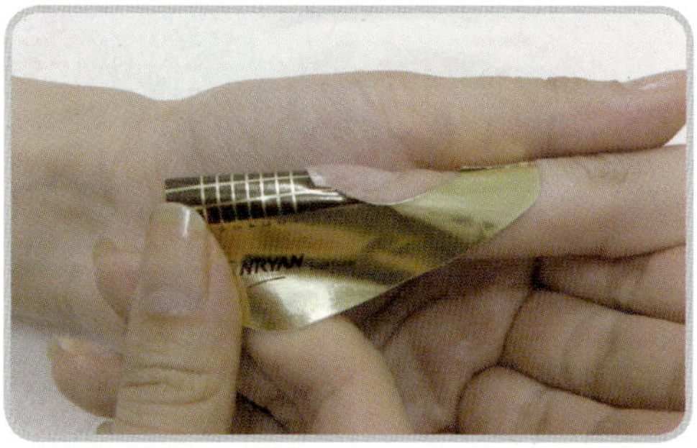

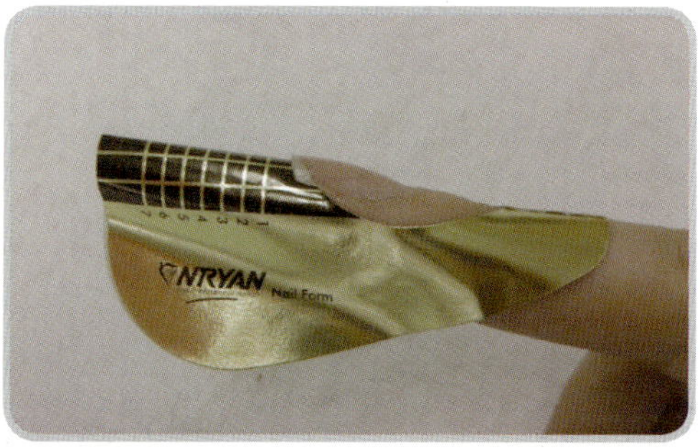

09 아크릴 파우더 및 리퀴드 준비하기

아크릴 파우더와 아크릴 리퀴드를 준비하고 아크릴 브러시를 닦을 수 있는 페이퍼 타월을 준비한다.

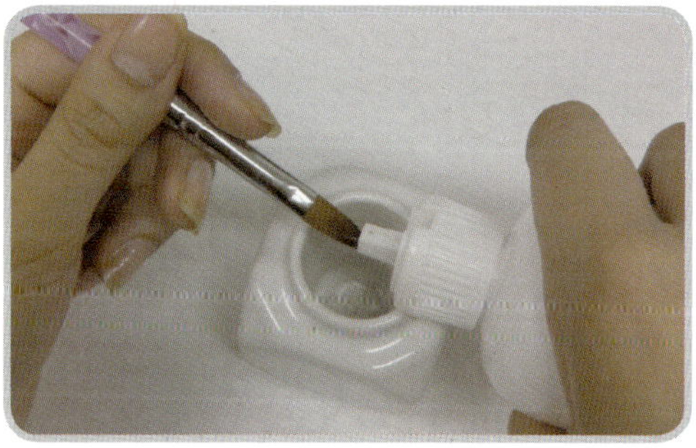

10 프라이머 바르기

아크릴 볼이 잘 부착 될 수 있도록 자연 네일 부위에 골고루 프라이머를 도포한다. 이때 손톱 주변 피부에 프라이머가 묻지 않도록 주의한다.

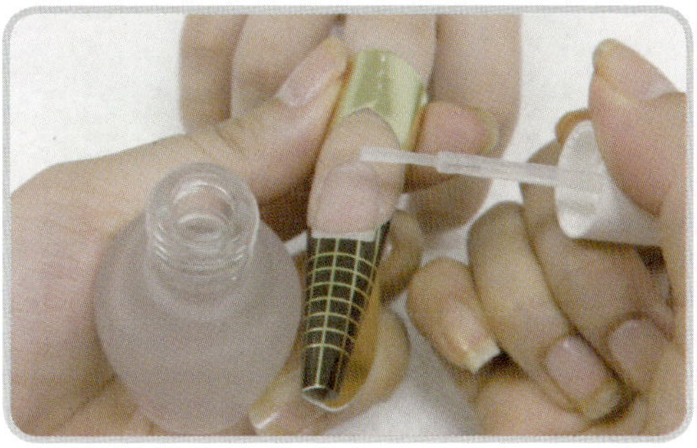

11 아크릴 볼 올리기

손톱 전체에 아크릴 믹스춰를 얇게 올리는데 필요한 횟수만큼 믹스춰를 올리면 된다.

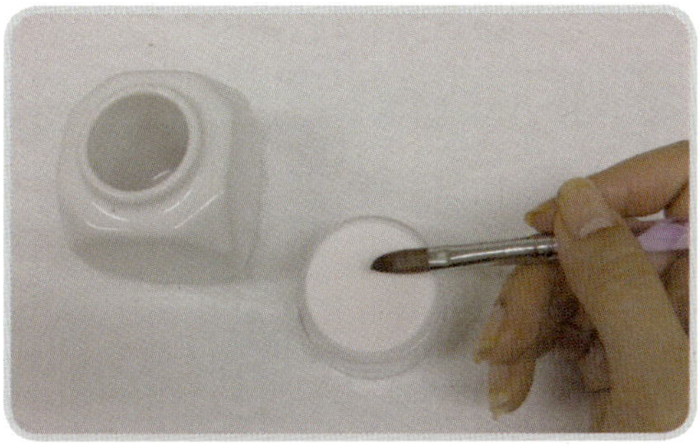

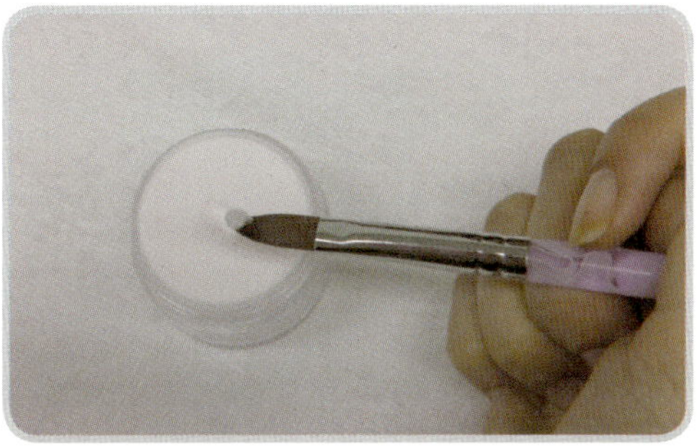

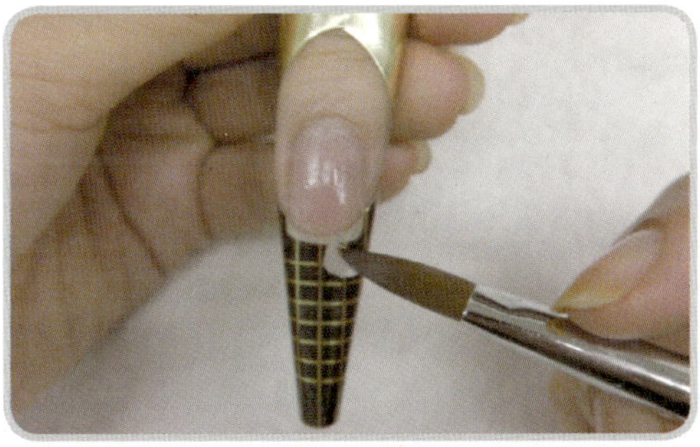

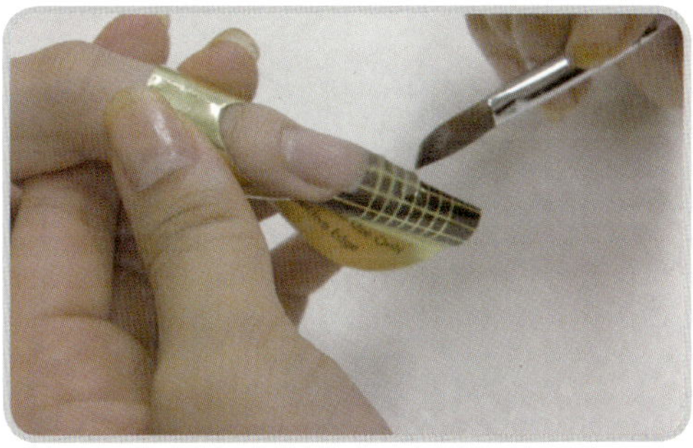

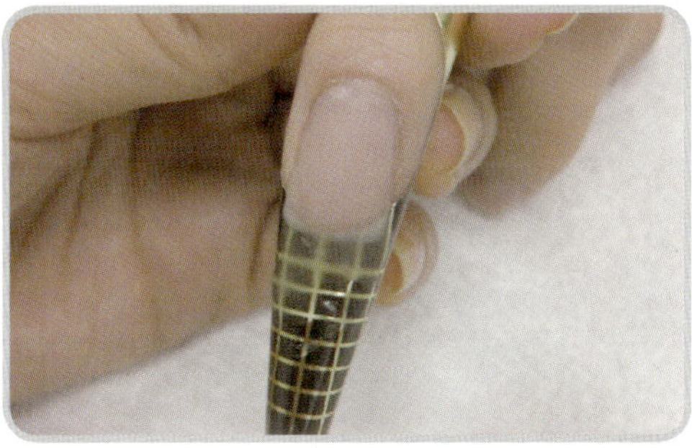

12 핀칭 넣기

아크릴이 잘 굳었는지 아크릴 부러쉬 손잡이 끝으로 두드려서 맑고 경쾌한 소리를 통하여 아크릴의 경화 정도를 확인한 후 핀칭을 주어 C-커브를 만들어 준다. 양손 엄지손가락으로 자연 손톱 중앙이 선홍빛을 띌 때까지 스트레이트 포인트 부분에 핀칭을 넣어준다.

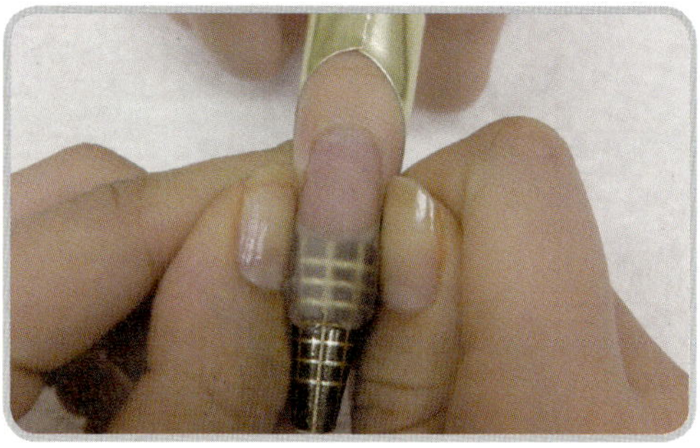

13 네일 폼 제거하기

네일 폼을 제거할 손톱의 윗부분을 시술자 왼손으로 네일 그루브를 고정시킨 후 시술자 오른손으로 프리엣지 부분의 네일폼을 아래 방향으로 떨어 뜨려준다. 마지막으로 윗부분의 네일폼 중앙을 아래쪽으로 떼어낸다.

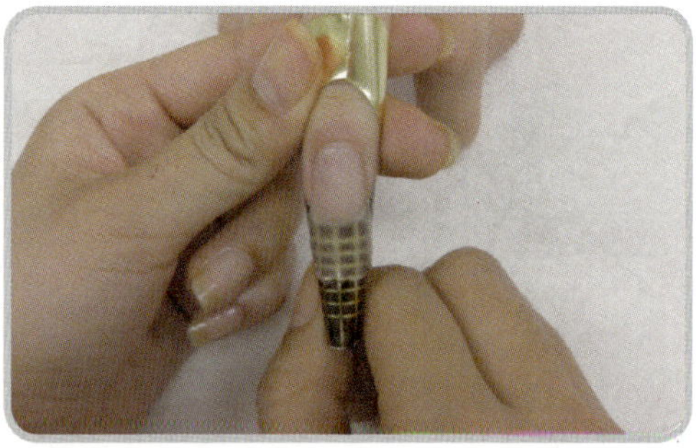

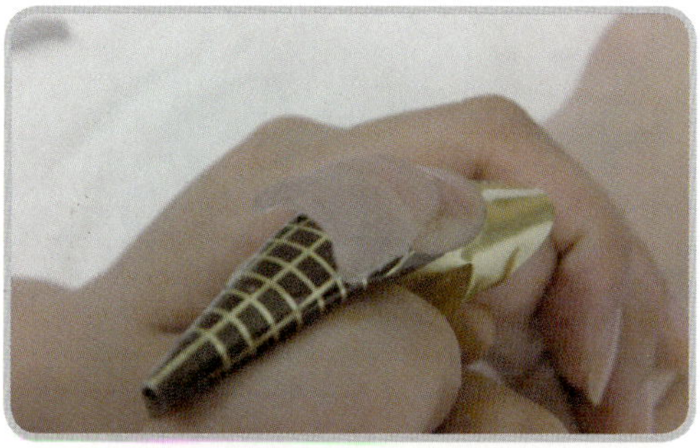

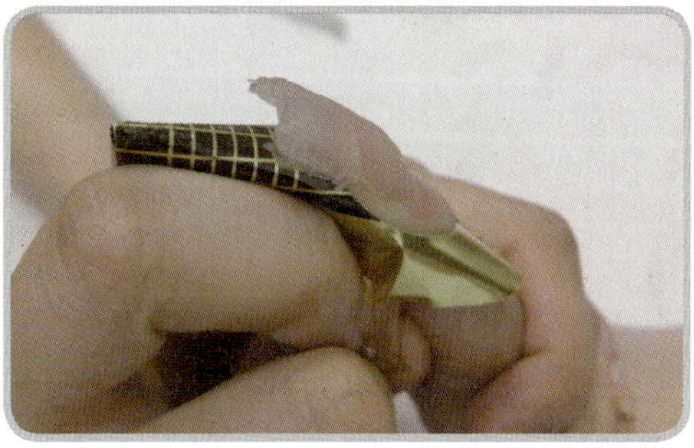

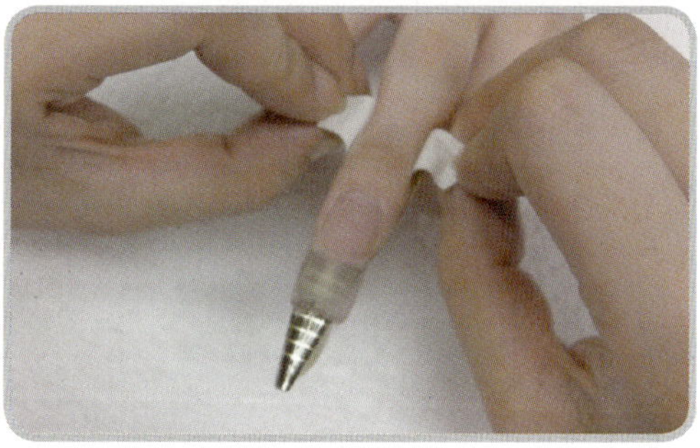

14 손톱 모양 정리 및 파일링 하기

손톱의 길이와 형태를 잘 잡아주고 사이드 스트레이트가 일직선이 되도록 만들어준 다음 큐티클 라인과 네일 웰 부분은 얇고 자연스럽게 갈아주고 하이포인트는 아치형이 되도록 파일링한다. 파일링은 그릿 수가 낮은 거친 파일부터 부드러운 파일로 바꾸어 주며 차례대로 갈아야 손톱 표면이 부드러워진다. 손톱 두께와 하이포인트를 확인하면서 파일링하고 균일한 프리에지의 두께로 마무리 한다. 파일링이 끝나면 더스트 브러시로 깨끗하게 털어준다.

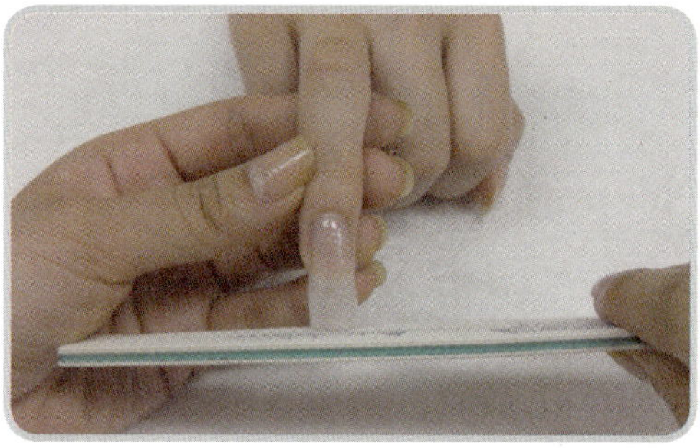
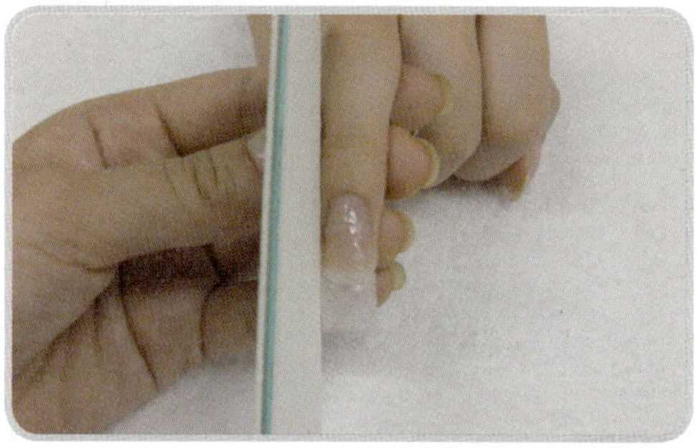
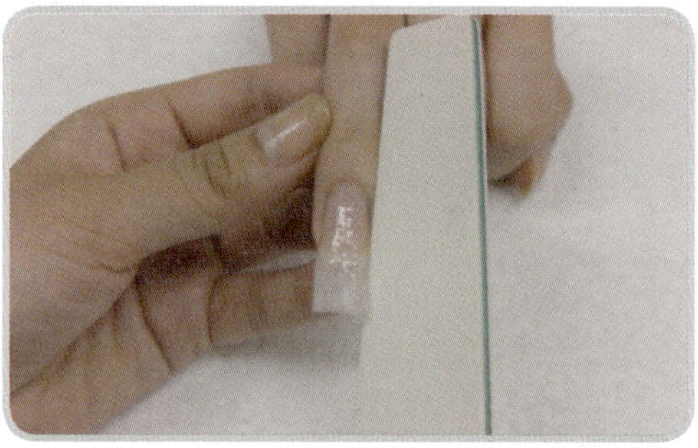
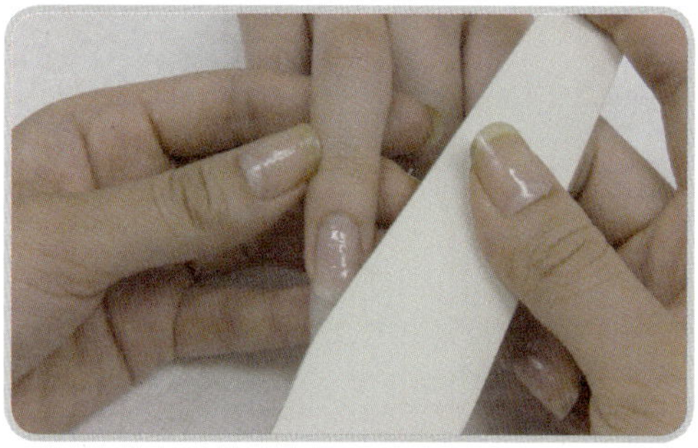
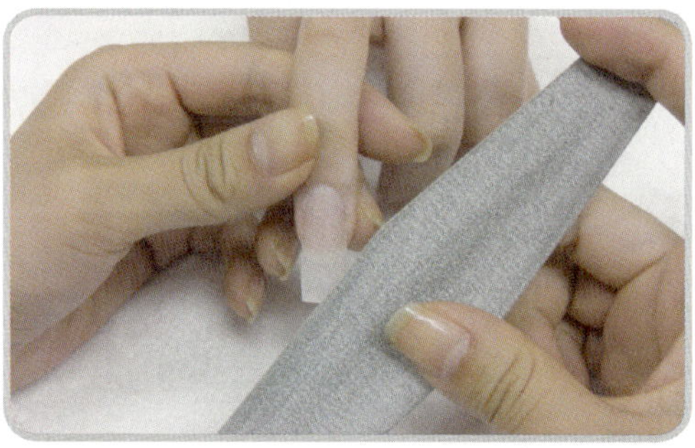
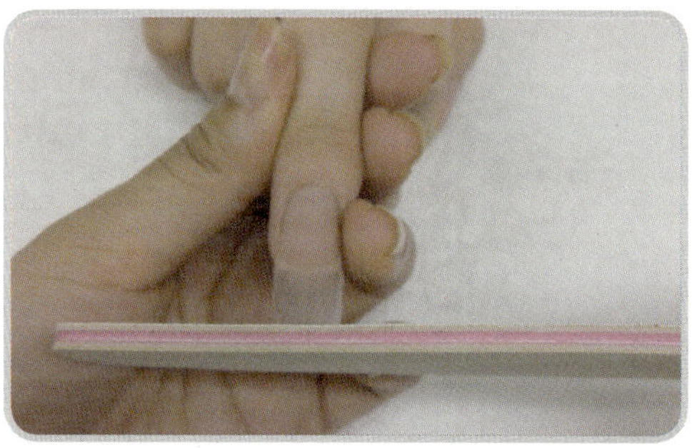
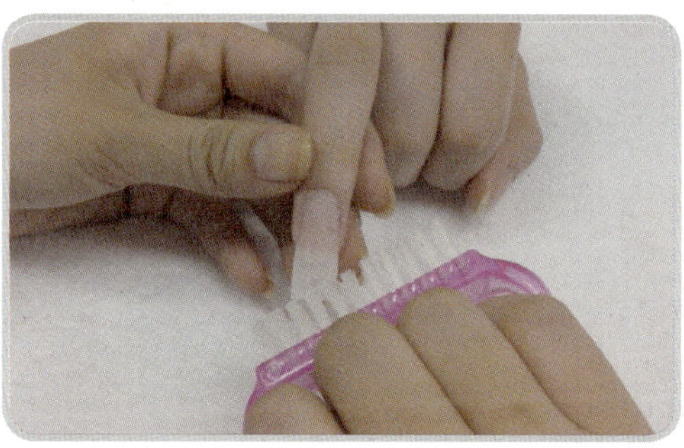

15 버핑 및 샌딩 후 광내기

버퍼로 손톱 전체를 골고루 버핑해주고 손톱 표면을 광버퍼로 광택을 낸다.

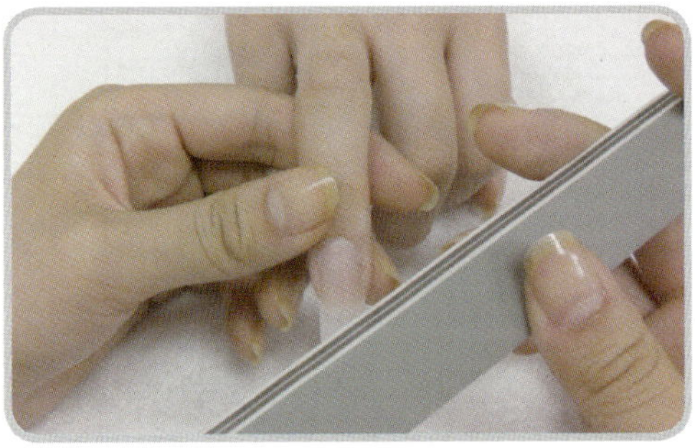
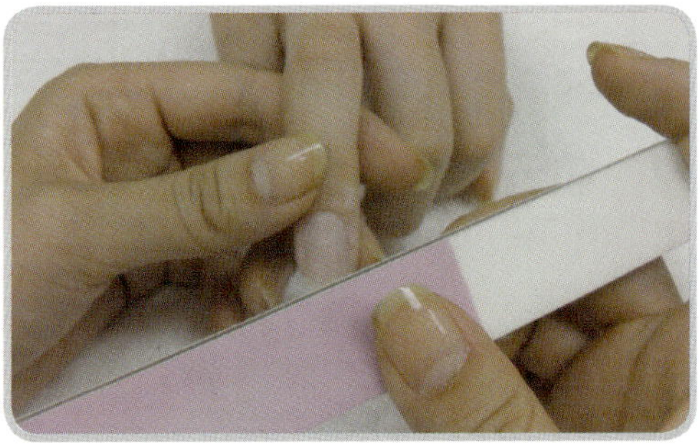

16 마무리

큐티클 오일로 큐티클 라인과 프리엣지 안쪽까지 바르고 페이퍼 타월로 닦아낸다.

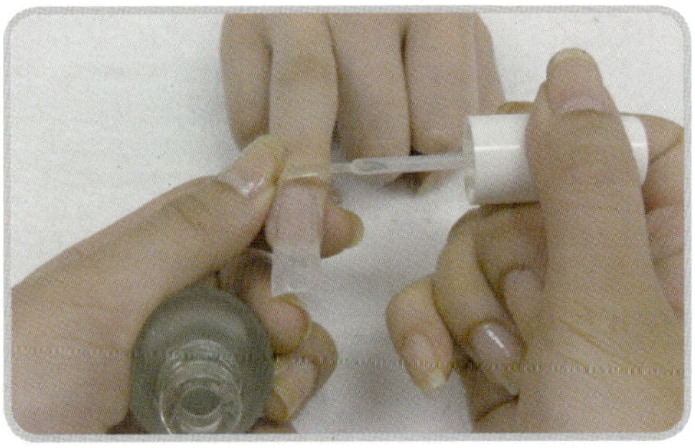
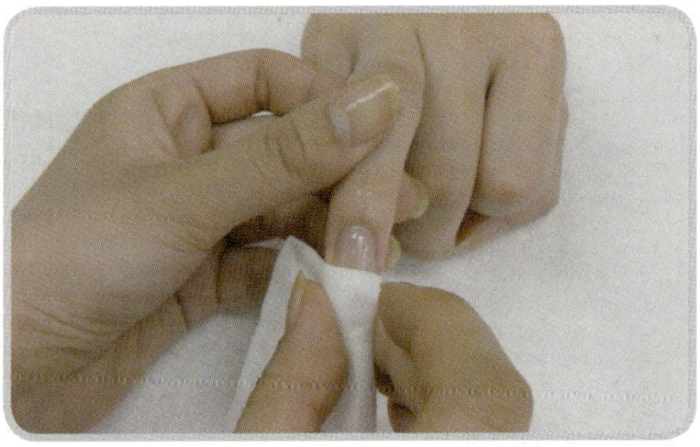

4. 아크릴 프렌치 스컬프처 (Acrylic French Sculpture)

프렌치 스컬프처는 투톤 스컬프처 (Two Tone Sculpture) 라고도 하며 원톤 스컬프처와 시술과정이 같으나 아크릴 볼을 올릴 때 프리에지에는 화이트 아크릴 파우더를, 네일 바디에는 투명이나 핑크색 아크릴 파우더를 사용해서 손톱 길이를 연장하는 기술이다.

준비물

❶ 네일 기본세트(손 소독제, 폴리시 리무버, 우드스틱, 파일(100~180Grit), 샌딩, 알코올, 큐티클 연화제, 큐티클 오일, 더스트 브러시, 3-Way, 샤이너 & 광버퍼)

❷ 아크릴 리퀴드 (Acrylic liquid) : 모노머 (monomer)라고도 하며 액체의 상태로 아크릴 파우더를 믹스 (mix)할 때 사용한다.

❸ 아크릴 파우더 (Acrylic powder) : 핑크 파우더, 화이트 파우더

❹ 프라이머 (Primer) : 프라이머의 주 성분은 메타크릴산으로 단백질을 녹이는 작용을 하며, 아크릴이 자연네일에 잘 접착되도록 발라주는 촉매제로 pH발란스를 조절해 주며 방부역할을 해 박테리아의 성장을 억제하는 기능이 있어 인조손톱의 리프팅을 막는 중요한 역할을 하는 동시에 눈이나 피부에 묻는 경우 손상이 생길 수 있으니 닿지 않게 주의해야 한다.

❺ 아크릴 브러쉬 (Acrylic brush) : 아크릴 파우더와 리퀴드를 믹스한 비드 (bead)를 네일 위에 올릴 때 사용하는 아크릴 전용 브러쉬로 붓의 모양, 길이, 크기에 따라 여러 종류의 브러쉬가 있다.

❻ 브러쉬 크리너 (Brush cleaner) : 브러쉬를 세척할 때 사용하나 브러쉬의 털을 훼손할 수 있으므로 되도록 사용을 자제하고 리퀴드로 세척하는 것이 좋다.

❼ 네일 폼 (Nail Form)

❽ 디펜디쉬 (Deppen dish) : 아크릴 리퀴드를 덜어쓰는 용기

❾ 아크릴 탑코트 (Acrylic topcoat)

❿ 지혈제

[시술 순서]

01 손 소독

02 에나멜 제거

03 손톱모양 잡기

04 큐티클 밀어 올리기

45도 각도로 푸셔를 이용해 큐티클을 밀어 주되 손톱 표면이 긁히지 않게 한다.

05 유분기 제거하기

자연손톱의 유·수분과 광택을 제거하기 위해 버퍼나 부드러운 파일을 사용한다.

06 프라이머 바르기

피부에 닿지 않게 바른다.

07 네일 폼 끼우기

네일 폼이 너무 쳐지거나 올라가지 않게 자연 네일과 프리에지 부분에 밀어 넣고 각도와 방향을 조절하며, 자연네일과 폼 사이에 빈 공간이 없어야 하며 네일 폼이 하이포인트보다 높지 않게 수평을 이루는 것이 이상적인 손톱연장을 할 수 있다.

08 프리에지 볼 올리기

화이트 아크릴 파우더로 깨끗하고 선명한 스마일 라인을 만들며 가능한 한번에 만드는 것이 프리에지 부분을 떨어져 나가지 않게 만들어 준다.

09 디자인하기

핑크나 클리어 파우더를 사용하여 프리에지의 스마일 라인의 파여진 부분까지 채워준다. 큐티클 라인은 얇게, 하이 포인트 부분은 두께를 준다.

10 핀칭 넣기

두드려서 맑고 경쾌한 소리로 아크릴의 경화 정도를 확인한 후 핀칭을 주어 C-커브를 만들어 준 후 네일 폼을 제거한다.

11 파일링 하기

손톱 두께와 하이포인트를 살려 파일링하고 균일한 프리에지의 두께로 마무리 한다.

12 표면정리

표면을 버퍼로 마무리 하고 3-Way로 광을 내준다.

13 마무리

연장한 손톱에 오일을 바르고 페이퍼 타월로 닦아준다.

14 완성

평가시 고려사항

- 수행준거에 제시되어 있는 내용을 성공적으로 수행할 수 있는지를 평가해야 한다.
- 평가자는 다음 사항을 평가해야 한다.
  · 제품의 정확한 사용 능력
  · 네일 제품들의 이론적인 지식
  · 네일의 표면 상태를 잘 파악하고 손 · 발톱에 손상을 주지 않는 여부
  · 네일 화장물의 숙련된 적용 능력
  · 작업시 일어날 수 있는 응급 상황에 대한 대처 능력
  · 인조네일 구조의 올바른 조형 정도

5. 인조네일의 보수

인조손톱은 손톱의 성장과 손의 잦은 사용으로 깨짐과 들뜸 현상이 생김으로 영구적으로 보존 할 수가 없다. 네일이 자라면서 큐티클 라인에 공간이 생기기 시작하면 리프팅이 일어난다. 리프팅 된 인조 손톱안에 곰팡이나 세균 등이 서식하지 않게 약 1~2주간의 간격을 두고 보수를 해 주어야 한다. 그래서 정기적으로 보수 작업을 받아야 항상 처음처럼 깔끔한 상태를 유지할 수 있다. 손톱의 성장과 들뜸의 정도에 따라 간단하게는 글루와 젤 글루만을 이용하여 보수 할 수도 있고, 시간이 많이 경과 되었을 시에는 손톱이 자라난 부분에 다시 필러 또는 실크, 아크릴 파우더 등을 이용하여 보수해 준다.

분류번호 : 1201010438_16v1

능력단위 명칭 : 인조 네일 보수

능력단위 정의 : 인조 네일 보수란 기 작업된 인조 네일의 상태에 따라 보수하는 능력이다.

능력단위요소	수 행 준 거
1201010438_16v1.1 팁 네일 보수하기	1.1 기 작업된 네일 팁의 상태에 따라 보수를 선택할 수 있다. 1.2 기 작업된 네일 팁의 들뜬 네일 화장물을 제거할 수 있다. 1.3 기 작업된 네일 팁 화장물의 턱을 제거할 수 있다. 1.4 네일 팁과 동일한 화장물을 적용하여 보수할 수 있다. 【지 식】 ㅇ 팁 네일 보수 작업에 대한 네일 기술적 지식 ㅇ 네일 특성에 대한 이론 ㅇ 네일 구조에 따른 네일 파일 사용 지식 【기 술】 ㅇ 네일 특성의 이해 능력 ㅇ 네일 팁에 대한 사용 능력 ㅇ 네일 팁의 용도별 사용 능력 ㅇ 네일 프리에지 형태의 이해 능력 ㅇ 네일 팁 보수에 대한 이해 능력 ㅇ 네일 팁 보수 마무리 능력 【태 도】 ㅇ 정확하고 섬세한 네일 파일 작업을 위한 태도 ㅇ 제품의 안전한 사용을 위한 노력 ㅇ 고객의 요구사항을 적극적으로 반영하려는 노력 ㅇ 고객에게 불편함을 주지 않기 위한 노력 ㅇ 쾌적한 환경을 위해 청결상태 유지
1201010438_16v1.2 랩 네일 보수하기	2.1 기 작업된 네일 랩의 상태에 따라 보수를 선택할 수 있다. 2.2 기 작업된 랩 네일의 들뜬 네일 화장물을 제거할 수 있다. 2.3 기 작업된 랩 네일 화장물의 턱을 제거할 수 있다. 2.4 랩 네일과 동일한 화장물을 적용하여 보수할 수 있다. 【지 식】 ㅇ 랩 네일 보수 작업에 대한 네일 기술적 지식 ㅇ 네일 특성에 대한 이론 ㅇ 네일 구조에 따른 네일 파일 사용 지식

<table>
<tr><th>능력단위요소</th><th>수 행 준 거</th></tr>
<tr><td>1201010438_16v1.2
랩 네일 보수하기</td><td>【기 술】
○ 네일 특성의 이해 능력
○ 네일 랩 종류에 대한 이해 능력
○ 네일 파일의 용도별 사용 능력
○ 네일 프리에지 형태의 이해 능력
○ 랩 네일 보수에 대한 이해 능력
○ 랩 네일 보수 마무리 능력
【태 도】
○ 정확하고 섬세한 네일 파일 작업을 위한 태도
○ 제품의 안전한 사용을 위한 노력
○ 고객의 요구사항을 적극적으로 반영하려는 노력
○ 고객에게 불편함을 주지 않기 위한 노력
○ 쾌적한 환경을 위해 청결상태 유지</td></tr>
<tr><td>1201010438_16v1.3
아크릴 네일 보수하기</td><td>3.1 기 작업된 아크릴 네일의 상태에 따라 보수를 선택할 수 있다.
3.2 기 작업된 아크릴 네일의 들뜬 네일 화장물을 제거할 수 있다.
3.3 기 작업된 아크릴 네일 화장물의 턱을 제거할 수 있다.
3.4 아크릴 네일과 동일한 화장물을 적용하여 보수할 수 있다.
【지 식】
○ 아크릴 네일 보수 작업에 대한 네일 기술적 지식
○ 아크릴 네일 특성에 대한 이론
○ 네일 구조에 따른 파일 적용 원리
【기 술】
○ 아크릴 브러시 사용 능력
○ 네일 파일의 용도별 사용 능력
○ 네일 프리에지 형태의 이해 능력
○ 아크릴 네일 보수에 대한 이해 능력
○ 아크릴 네일 보수 마무리 능력</td></tr>
</table>

능력단위요소	수 행 준 거
1201010438_16v1.3 **아크릴 네일 보수하기**	【태 도】 ○ 정확하고 바른 네일 파일 작업 자세 ○ 제품의 안전한 사용을 위한 노력 ○ 고객의 요구사항을 적극적으로 반영하려는 노력 ○ 고객에게 불편함을 주지 않기 위한 노력
1201010438_16v1.4 **젤 네일 보수하기**	4.1 기 작업된 젤 네일의 상태에 따라 보수를 선택할 수 있다. 4.2 기 작업된 젤 네일의 들뜬 네일 화장물을 제거할 수 있다. 4.3 기 작업된 젤 네일 화장물의 턱을 제거할 수 있다. 4.4 젤 네일과 동일한 화장물을 적용하여 보수할 수 있다. 【지 식】 ○ 젤 네일 보수 작업에 대한 네일 기술적 지식 ○ 네일 특성에 대한 이론 ○ 네일 구조에 따른 네일 파일 사용 지식 【기 술】 ○ 네일 특성의 이해 능력 ○ 네일 파일의 용도별 사용 능력 ○ 네일 프리에지 형태의 이해 능력 ○ 젤 브러시 사용 능력 ○ 젤 네일 보수 기술 ○ 젤 네일 보수 마무리 능력 【태 도】 ○ 정확하고 섬세한 네일 파일 작업을 위한 태도 ○ 제품의 안전한 사용을 위한 노력 ○ 고객의 요구사항을 적극적으로 반영하려는 노력 ○ 고객에게 불편함을 주지 않기 위한 노력 ○ 쾌적한 환경을 위해 청결상태 유지

준비물

1. 네일 기본세트(손 소독제, 폴리시 리무버, 우드스틱, 파일(100~180Grit), 샌딩, 알코올, 큐티클 연화제, 큐티클 오일, 더스트 브러시, 3-Way, 샤이너 & 광버퍼)
2. 화장솜
3. 알루미늄 호일

[랩 네일 보수 시술 순서]

01 시술자와 고객 손 소독하기

02 에나멜 제거하기

03 큐티클 밀어 올리기

오일을 바르지 않는 상태로 푸셔를 사용하기 때문에 너무 세게 밀지 않도록 주의한다.

04 파일링 하기

인조손톱이 들뜬 부분을 갈아주고 표면을 전체 샌딩한다.

05 손톱 가루 털어내기

더스트 브러시를 사용하여 손톱 가루와 거스르미를 제거한다.

06 라이트 글루 바르기

라이트 글루를 들뜬 부분에 넣어주고 손톱 전체에 펴 바른다.

07 필러 파우더 뿌리기

필러 파우더를 뿌린 후 손톱 이외의 부분에 묻은 필러 파우더를 오렌지 스틱이나 손으로 반드시 제거해 준다. 또 다시 한번 라이트 글루를 발라준다. 이때도 라이트 글루가 손톱 이외의 부분에 닿지 않도록 조심한다.

08 글루 드라이 사용하기

글루 드라이를 뿌려 주어 접착제가 빨리 마르도록 한다. 손톱에서 20cm이상 떨어뜨려 사용해야 기포가 생기는 것을 막을 수 있다.

09 파일링 하기

울퉁불퉁한 손톱의 윗부분을 파일로 갈아 없애주고 광버퍼로 버핑한다.

10 오일 바르고 마무리 하기

[아크릴 네일 보수 시술 순서]

01 시술자와 고객 손 소독하기

02 에나멜 제거하기

03 큐티클 밀어 올리기

오일을 바르지 않는 상태로 푸셔를 사용하기 때문에 너무 세게 밀지 않도록 주의한다.

04 파일링 하기

인조손톱이 들뜬 부분을 갈아주고 표면을 전체 샌딩한다. 자연네일과 인조네일 사이의 들뜬 부분이 남아 있지 않아야 하며, 자연네일과 인조네일의 연결이 자연스럽게 파일링 한다.

05 손톱 가루 털어내기

더스트 브러시를 사용하여 손톱 가루와 거스르미를 제거한다.

06 프라이머 바르기

프라이머를 손톱 전체에 펴 바른다.

07 아크릴 볼 올리기

보수할 부분에 투명 또는 기 작업과 동일한 아크릴 볼을 올린다.

08 경화 정도 확인하기

아크릴이 다 굳었는지 확인한다.

09 파일링 하기

울퉁불퉁한 손톱의 윗부분을 파일로 갈아 없애주고 인조네일 구조에 적합하게 파일링 한후 광 버퍼로 버핑한다.

10 오일 바르고 마무리 하기

6. 네일 화장물 제거 및 인조네일의 제거

분류번호 : 1201010402_16v3

능력단위 명칭 : 네일 화장물 제거

능력단위 정의 : 네일 화장물 제거란 고객의 네일을 손상시키지 않고 기 작업된 네일 화장물을 네일 파일과 용제를 사용하여 제거할 수 있는 능력이다.

능력단위요소	수 행 준 거
1201010402_16v3.1 **일반 네일 폴리시 화장물 제거하기**	1.1 일반 네일 폴리시 제거를 위한 용제를 선택할 수 있다. 1.2 기 작업된 일반 네일 폴리시 화장물 제거를 위해 용제를 사용할 수 있다. 1.3 일반 네일 폴리시 화장물의 완전 제거 상태를 확인할 수 있다. 【지 식】 ○ 네일 폴리시 화장물의 용제에 대한 지식 ○ 네일 형태에 대한 지식 ○ 네일 화장물 용제의 사용 방법에 대한 지식 ○ 일반 네일 폴리시 화장물의 제거 도구 사용 방법에 대한 지식 ○ 잔여물 처리방법에 대한 지식 【기 술】 ○ 일반 네일 폴리시 화장물의 용제 사용에 따른 기술 ○ 네일 형태에 따라 용제를 활용하는 기술 ○ 일반 네일 폴리시 화장물의 제거 도구 사용에 따른 기술 ○ 잔여물 처리에 따른 기술 【태 도】 ○ 안전수칙을 준수하는 태도 ○ 화장물 제거 시 고객이 편안함을 느낄 수 있도록 배려하는 태도 ○ 정확하고 섬세한 화장물 제거 도구 사용을 위한 바른 태도
1201010402_16v3.2 **젤 네일 폴리시 화장물 제거하기**	2.1 젤 네일 폴리시 제거를 위한 용제를 선택할 수 있다. 2.2 기 작업된 젤 네일 폴리시 화장물 제거를 위해 파일과 용제를 사용할 수 있다. 2.3 젤 네일 폴리시 화장물의 완전 제거 상태를 확인할 수 있다. 【지 식】 ○ 젤 네일 폴리시 화장물의 용제에 대한 지식 ○ 네일 형태에 대한 지식 ○ 네일 파일 종류에 대한 지식 ○ 네일 파일 사용에 대한 지식 ○ 젤 네일 폴리시 화장물의 용제 사용에 대한 지식 ○ 젤 네일 폴리시 화장물의 제거 도구 사용 방법에 대한 지식 ○ 잔여물 처리방법에 대한 지식

능력단위요소	수행준거
1201010402_16v3.2 **젤 네일 폴리시 화장물 제거하기**	【기 술】 ○ 젤 네일 폴리시의 용제 사용에 따른 기술 ○ 네일 파일을 용도별로 사용할 수 있는 기술 ○ 네일 형태에 따라 파일을 사용하는 기술 ○ 파일을 용도별로 사용할 수 있는 기술 ○ 젤 네일 폴리시 화장물의 용제 활용에 따른 작업 기술 ○ 젤 네일 폴리시 화장물 제거 도구 사용에 따른 기술 ○ 잔여물 처리에 따른 기술 【태 도】 ○ 안전수칙을 준수하는 태도 ○ 파일작업 시 고객이 편안함을 느낄 수 있도록 배려하는 태도 ○ 정확하고 섬세한 파일작업을 위한 바른 태도 ○ 정확하고 청결한 마무리 태도 ○ 고객에게 불편함을 주지 않기 위한 태도
1201010402_16v3.3 **인조네일 화장물 제거하기**	3.1 인조네일 화장물 제거를 위한 용제를 선택할 수 있다. 3.2 네일 파일과 용제를 사용하여 기 작업된 인조네일 화장물을 제거할 수 있다. 3.3 인조네일 화장물의 완전 제거 상태를 확인할 수 있다. 【지 식】 ○ 인조네일 화장물의 용제에 대한 지식 ○ 네일 형태에 대한 지식 ○ 네일 파일 종류에 대한 지식 ○ 네일 파일 사용에 대한 지식 ○ 인조네일 화장물의 용제 사용에 대한 지식 ○ 인조네일 화장물의 제거 도구 사용 방법에 대한 지식 ○ 잔여물 처리방법에 대한 지식

능력단위요소	수 행 준 거
1201010402_16v3.3 **인조네일 화장물 제거하기**	【기 술】 ○ 인조네일 화장물의 용제 사용에 따른 기술 ○ 네일 파일을 용도별로 사용할 수 있는 기술 ○ 네일 형태에 따라 네일 파일을 사용하는 기술 ○ 네일 파일을 용도별로 사용할 수 있는 기술 ○ 인조네일 화장물의 용제 활용에 따른 작업 기술 ○ 인조네일 화장물의 제거 도구 사용에 따른 기술 ○ 잔여물 처리에 따른 기술 【태 도】 ○ 안전수칙을 준수하는 태도 ○ 파일작업 시 고객이 편안함을 느낄 수 있도록 배려하는 태도 ○ 정확하고 섬세한 파일작업을 위한 바른 태도 ○ 정확하고 청결한 마무리 태도 ○ 고객에게 불편함을 주지 않기 위한 태도

준비물

1. 네일 기본세트(손 소독제, 폴리시 리무버, 우드스틱, 파일(100~180Grit), 샌딩, 알코올, 큐티클 연화제, 큐티클 오일, 더스트 브러시, 3-Way, 샤이너 & 광버퍼)
2. 화장솜
3. 클리퍼
4. 아세톤
5. 알루미늄 호일

[인조네일 제거 시술 순서]

01 시술자와 고객 손 소독하기

02 에나멜 제거하기

03 인조손톱 자르기

인조손톱을 자연손톱 길이에 맞게 클리퍼로 자른 후, 낮은 그릿의 파일을 이용하여 인조손톱 표면에 에칭을 낸다.

04 아세톤에 인조손톱 녹이기

솜에 100% 퓨어 아세톤을 적신 후 손톱 위에 올려 호일을 감싼다. 또는 100% 퓨어 아세톤을 녹지 않는 플라스틱 그릇이나 유리그릇에 손톱이 잠길 정도로 덜어 놓고, 10분 정도 손톱을 담근다.

05 인조손톱 제거하기

7~10분 경과후 감싼 호일을 열어 아세톤이 휘발되기 전에 파일이나 푸셔로 남아 있는 아크릴을 긁어 준다. 아직 녹지 않은 아크릴이 있을 경우 호일로 다시 감싸놓고 시간 경과 후 반복적으로 제거한다. 마모된 인조손톱을 파일로 조심스럽게 갈아주거나 푸셔나 오렌지 우드스틱을 이용하여 위에서 아래쪽으로 밀어 떼어낸다. 녹지 않은 아크릴을 물리적으로 뜯거나 잡아당기면 자연네일과 베드가 분리되거나 손톱 베드가 손상을 입게 되므로 조심한다.

06 광택내기

샌딩버퍼를 사용해 아크릴이 제거된 부분의 자연네일을 부드럽게 정리한다.

07 마무리하기

네일 주변에 오일을 바르고 큐티클을 정리한다.

평가시 고려사항

- 수행준거에 제시되어 있는 내용을 성공적으로 수행할 수 있는지를 평가해야 한다.
- 평가자는 다음 사항을 평가해야 한다.
  - · 제품의 정확한 사용 방법 숙지 여부
  - · 제품들의 이론적인 이해와 설명서 숙지 여부
  - · 다양한 파일작업의 기술적인 숙련 여부
  - · 네일 화장물의 제거방법이 작업 순서에 맞게 작업 하는 능력
  - · 네일의 표면 상태를 잘 파악하고 네일 손상 숙지 여부
  - · 네일 주변 피부가 손상이 되지 않도록 작업하는 능력
  - · 네일이 손상되지 않도록 작업하는 능력
  - · 용제가 피부에 닿지 않도록 작업하는 능력

참고문헌

NCS국가표준능력 (www.ncs.go.kr)

곽선순 외, 네일아트 이론 및 실습, 지구문화사, 2007

김경미 외, 네일아트 매뉴얼북, 광문각, 2009

김나영 외, 네일아트 Technology, 광문각, 2007

손호은 외, 네일아트, 울산광역시 교육청, 2012

이숙연 외, NAIL Care and Design, 청구문화사, 2002

장희진 외, Nail Art Design, 훈민사, 2011

한영숙 외, 소독 전염병학, 수문사, 1999

노지운 외, 미용사 네일 국가자격 필기 실기 종합편, 뷰티르샤, 2015

이서윤 외, 미용사 네일 필기시험 한권으로 합격하기, 광문각, 2014

김광옥 외, Nail Care & Art. 학문사, 2001

김정혜 외, 발건강 관리학, 청구문화사, 1999

김기연 외, 피부관리학 I , 수문사, 1999

김영권, 병원미생물학, 청구문화사, 2000

이미희 외, Nail Spacr, 청구문화사, 2008

이영순 외, 네일관리학, 고문사, 2000

유숙희 외, 네일케어 실무, 현문사, 2012

김광숙 외, 네일케어&아트, 고문사, 2000

김양호 외, 인체생리학, 동일출판사, 2004

참고문헌

권태일 외, 네일갤러리, 지구문화사, 2011

김미원 외, Nail Technology, 도서출판 성화, 2006

김양은 외, 네일케어 & 아트, 청구문화사, 2011

홍지은 외, 네일테크닉, 훈민사, 2004

박소형 외, 뷰티네일아트북, 학직북스, 2012

강은주 외, 네일케어 & 네일아트, 현문사, 2008

권태일 외, 네일아트 이론 및 실기, 지구문화사, 2013

http://cafe.naver.com/lcthospital/1196

http://blog.naver.com/kchwoo9?Redirect=Log&logNo=50132613209

http://blog.naver.com/bjgim21?Redirect=Log&logNo=130155379871

http://shopping.naver.com/detail/detail.nhn?nv_mid=5508552346&frm=NVSCIMG

http://cafe.naver.com/dangdanghanyu/337

http://cafe.naver.com/fashion1550/2790

http://blog.naver.com/choi_youngae?Redirect=Log&logNo=90160569898

http://blog.naver.com/eun_nail?Redirect=Log&logNo=140139488438

http://blog.naver.com/j26662?Redirect=Log&logNo=80186433641

http://blog.naver.com/eun_nail?Redirect=Log&logNo=140139488438

http://blog.naver.com/eun_nail?Redirect=Log&logNo=140139488438

찾아보기

찾아보기

찾아보기

찾아보기

ㅊ

ㅋ

찾아보기

ㅎ

■ **저자소개**

한동조 국제대학교 뷰티코디네이션학과 교수

윤오선 청암대학교 뷰티미용과 교수

송서현 오산대학교 뷰티&코스메틱계열 교수

이종순 충남도립대학교 뷰티코디네이션학과 교수

NCS 분류체계 기초 네일

발 행 일 2019년 3월 4일

저 자 한동조 · 윤오선 · 송서현 · 이종순
발 행 자 최봉조
발 행 처 진샘미디어
주 소 서울특별시 은평구 연서로5길 28
부호아파트 102동 상가 5호

전 화 02)353-4421
F A X 02)353-4431

Home-page www.jinsaem.co.kr

신고번호 제311-2005-000025호

I S B N 979-11-88791-26-2 (93590)

정가 19,000원